FORSCHUNGSBERICHTE DES LANDES NORDRHEIN-WESTFALEN

Nr. 1779

Herausgegeben
im Auftrage des Ministerpräsidenten Heinz Kühn
von Staatssekretär Professor Dr. h. c. Dr. E. h. Leo Brandt

*Obering. Herbert Stein*
*Dipl.-Phys. Siegfried Hobe*

Institut für textile Meßtechnik M.-Gladbach e. V.

Untersuchungen über die Zusammenhänge
zwischen der Dehnungsprüfung von Textilien
am laufenden Faden und am fest eingespannten
Prüfgut sowie über die Möglichkeiten
des Vergleichens von Ergebnissen,
die nach beiden Methoden gefunden wurden

Springer Fachmedien Wiesbaden GmbH

ISBN 978-3-663-06567-8   ISBN 978-3-663-07480-9 (eBook)
DOI 10.1007/978-3-663-07480-9

Verlags-Nr. 011779

© 1967 by Springer Fachmedien Wiesbaden

Ursprünglich erschienen bei Westdeutscher Verlag, Köln und Opladen 1967.

# Inhalt

1. Vorwort .................................................... 7

2. Allgemeine Betrachtungen ..................................... 8

3. Aufgabenstellung ............................................. 10

4. Die Bestimmung der mittleren Kraft-Längenänderungs-Kurve am fest eingespannten Faden .................................. 11

    4.1. Die Aufnahme von Kraft-Längenänderungs-Kurven im statischen Zugversuch ........................................ 11
    4.2. Verschiedene Verfahren zur Mittelung ..................... 12
    4.2.1. Experimentelle Durchführung ............................ 12
    4.2.2. Ergebnisse ............................................. 13
    4.2.3. Theoretische Betrachtung zur Mittelung ................. 16

5. Die Bestimmung der mittleren Kraft-Längenänderungs-Kurve am laufenden Faden ............................................. 24

    5.1. Ermittlung der Dehnkraft am laufenden Faden .............. 24
    5.1.1. Universalgarnprüfmaschine Frenzel-Hahn (Freha) Type II/III .... 24
    5.1.2. Gewinnung von Meßwerten für die Aufzeichnung einer mittleren KD-Linie ........................................ 25
    5.1.3. Durchgeführte Untersuchungen ........................... 26
    5.2. Verfahren zur Bestimmung der Fadendehnungen in Abhängigkeit von konstanten Zugkräften ............................ 29
    5.2.1. Versuchseinrichtung .................................... 29
    5.2.2. Gewinnung von Meßwerten für die Aufzeichnung einer mittleren KD-Linie ........................................ 30
    5.2.3. Durchgeführte Untersuchungen ........................... 30

6. Gegenüberstellung der Ergebnisse ............................. 33

7. Zusammenfassung ............................................. 36

8. Literaturverzeichnis ......................................... 37

# 1. Vorwort

Mit DIN-Blatt 53815 wird aufgezeigt, wie die Kraft-Dehnungs-Eigenschaften eines Fadenmaterials durch die beim statischen Zugversuch gefundenen Kraft-Längenänderungs-Kurven darzustellen sind.

DIN-Blatt 53829 behandelt Dehnkraftprüfungen am laufenden Faden. Auch mit derartigen Untersuchungen lassen sich charakteristische Kurven für ein Prüfgut ermitteln, wenn nacheinander verschiedene Dehnungsstufen eingestellt und die sich dabei ergebenden Kraft-Dehnungs-Wertepaare in einem rechtwinkligen Koordinatensystem eingetragen werden.

Bei der zunehmenden Bedeutung, die der Beurteilung der Kraft-Dehnungs-Eigenschaften insbesondere von geschaffenen Fasern zukommt, ist es von Interesse, Untersuchungen darüber anzustellen, wieweit die nach dem statischen Zugversuch und die am laufenden Faden ermittelten Kraft-Längenänderungs-Kurven miteinander vergleichbar sind. Um die damit anfallenden Arbeiten durchführen zu können, wurde beim Land Nordrhein-Westfalen die Gewährung einer Forschungsbeihilfe für das Forschungsthema

»Untersuchungen über die Zusammenhänge zwischen der Dehnungsprüfung von Textilien am laufenden Faden und am fest eingespannten Prüfling sowie über die Möglichkeit des Vergleichs von Ergebnissen, die nach den beiden Methoden gefunden wurden«

beantragt.

Die Bewilligung der erbetenen Mittel ermöglichte die Durchführung des Vorhabens, über dessen Ergebnisse nachstehend berichtet wird.

Außer den Verfassern haben an den meßtechnischen Untersuchungen, den rechnerischen Betrachtungen, der Zusammenstellung der Meßergebnisse und der Ausfertigung des Berichtes mitgewirkt:

Dipl.-Phys. W. STEIN und Textillaborantin ELKE WENKE

## 2. Allgemeine Betrachtungen

In der Textilindustrie ist es allgemein üblich, die Qualität eines Garnes oder Zwirnes im Hinblick auf seine Belastbarkeit bei der Weiterverarbeitung durch die Angabe der Werte für Reißkraft und Reißdehnung zu kennzeichnen. Damit wird aber außer acht gelassen, daß auch unterhalb dieser Grenze liegende Beanspruchungen je nach Art der vorliegenden Kraft-Dehnungs-Eigenschaften zu mehr oder weniger starken Schädigungen führen können, die sich eventuell erst nach dem Einbringen des Fadens in ein Gewebe sichtbar auswirken. Es ist daher zweckmäßig, neben den Bruchwerten mit einem geeigneten Prüfgerät auch die Kraft-Längenänderungs-Kurven, im folgenden auch kurz KD-Linien genannt, aufzuzeichnen.

Aus einer Reihe von Zahlenwerten – z. B. der Bruchdehnung oder der Bruchlast – läßt sich nun leicht durch Bildung des arithmetischen Mittels eine Größe erhalten, die bei genügend hoher Probenzahl als repräsentatives Merkmal für das gesamte Material anzusehen ist. Dagegen liegen die in Diagrammen aufgezeichneten KD-Linien zunächst als Einzelelemente vor, welche bei der Betrachtung ein recht unübersichtliches Bild ergeben. Es ist darum sinnvoll, nach Wegen zu suchen, wie eine einzige, die Eigenschaften der Gesamtheit charakterisierende »mittlere« KD-Linie gefunden werden kann. Dazu ist es nicht unbedingt notwendig, von den Ergebnissen statischer Zugprüfungen auszugehen. Vielmehr besteht auch die Möglichkeit, konstante Dehnungen oder konstante Belastungen auf einen kontinuierlich transportierten Faden auszuüben und die sich einstellenden Zugkräfte bzw. Dehnungen zu ermitteln. Dabei ergeben sich Meßwertpaare, die der Bildung von mittleren KD-Linien dienen können.

Die starke Meßwertstreuung bei Untersuchungen an textilen Fasern bzw. Fäden macht es notwendig, eine große Anzahl von Prüfungen bzw. Messungen an großen Fadenlängen vorzunehmen, damit statistisch oder periodisch auftretende Ungleichmäßigkeiten weitgehend ausgeschaltet werden. Eine aus diesen Meßergebnissen gewonnene mittlere KD-Linie soll dann in sich zusammengefaßt die Ergebnisse aller durchgeführten Prüfungen in bezug auf die Kraft-Dehnungs-Eigenschaften des Prüfgutes enthalten. Sie gestattet, einfacher und übersichtlicher als dies beim Vorliegen vieler einzelner Kurven geschehen könnte, die Beurteilung der verschiedenen, für die Forschung oder die Praxis wichtigen Eigenschaften. So sind beispielsweise aus der Kraft-Dehnungs-Charakteristik nativer Fasern der Einfluß von Wachstumsbedingungen oder Schädigungen chemischer und bakterieller Art zu entnehmen. Weiterhin läßt sich beurteilen, welchen maximalen Dehnungen oder Zugkräften die Fasern bei der Verarbeitung ausgesetzt werden dürfen, ohne daß wesentliche bleibende Verformungen auftreten. Solche bleibenden Längenänderungen werden im allgemeinen zu einem späteren Zeitpunkt,

meist erst in der Fertigware, infolge äußerer Einflüsse wie Erwärmung oder Befeuchtung wieder aufgeholt und verursachen dann unerwünschte Fehlerstellen.
Die Mischung verschiedener Faserarten bei der Herstellung von Mischgespinsten setzt ebenfalls die Kenntnis des Kraft-Dehnungs-Verhaltens der einzelnen Komponenten voraus. Nur bei der Verwendung von Sorten mit ähnlichen Charakteristiken läßt sich eine optimale Ausnutzung der einzelnen Dehnungseigenschaften im Hinblick auf die Festigkeit und Dehnbarkeit des fertigen Gespinstes erzielen.
Bei den Untersuchungen von Gespinsten ist die mittlere KD-Linie dann von Bedeutung, wenn die Auswirkungen der verschiedenen Verarbeitungsprozesse ermittelt werden sollen. Schädigungen, wie etwa Überdehnungen, lassen dabei oft auf Fehler in bestimmten Produktionsmaschinen schließen.
Beanspruchungen des Fadens, wie sie im praktischen Betrieb auftreten, können häufig mit geeigneten Hilfsmitteln im Laborversuch nachgeahmt werden. In vielen Fällen bietet auch hier die Beobachtung der Kraft-Dehnungs-Eigenschaften die Möglichkeit, Veränderungen im Material zu erkennen. Die gemittelte KD-Linie liefert in all diesen Fällen wesentlich weitergehende Aussagen, als sie allein aus den Werten für die mittlere Bruchkraft – mittlere Bruchdehnung zu erhalten sind.

# 3. Aufgabenstellung

Die dem Institut zur Durchführung von Zugprüfungen am laufenden Faden zur Verfügung stehenden Geräte sollten eingesetzt werden, um auf verschiedene Weisen mittlere KD-Linien zu erhalten. Dabei waren Fadenmaterialien auszuwählen, die sich hinsichtlich ihrer Kraft-Dehnungs-Eigenschaften weitgehend voneinander unterscheiden. Während Baumwollfäden eine praktisch geradlinige KD-Linie besitzen, steigt bei einem Wollgarn die Kraft mit zunehmender Dehnung zunächst steil an, um nach Überschreiten eines bestimmten Grenzwertes nur noch geringfügig weiteranzuwachsen. Dagegen weist die KD-Linie eines Polyester-Endlosfadens mehrere Wendepunkte auf.

Ein besonderes Problem stellt die Konstruktion einer mittleren KD-Linie aus einer Vielzahl von Einzelkurven dar. Hier war rechnerisch zu untersuchen, welche Ergebnisse verschiedene Auswertmethoden liefern werden.

Abschließend galt es aufzuzeigen, wie sich die bei statischen Zugversuchen und am laufenden Faden gefundenen Kraft-Längenänderungs-Kurven für die vorgenannten Materialien voneinander unterscheiden und auf welche Vorgänge beobachtete Abweichungen zurückzuführen sind.

# 4. Die Bestimmung der mittleren Kraft-Längenänderungs-Kurve am fest eingespannten Faden

## 4.1. Die Aufnahme von Kraft-Längenänderungs-Kurven im statischen Zugversuch

Zur Aufnahme von KD-Linien stehen eine Reihe nach verschiedenen Funktionsprinzipien arbeitender Zugprüfgeräte zur Verfügung. Sie werden nach DIN-Norm 53834 unterteilt in solche, die

a) mit konstanter Belastungsgeschwindigkeit
b) mit konstanter Verformungsgeschwindigkeit
c) mit konstanter Geschwindigkeit der ziehenden Klemme

die zwischen zwei Klemmen fest eingespannte Probe zum Bruch bringen. Die Prüfgeräte der Gruppe b verfügen über elektrische Kraft-Meßeinrichtungen. Diese erfassen die sich während des Zugversuches im Faden ausbildenden Zugkräfte weglos, d. h. praktisch ohne Auslenkung der an das Meßsystem angeschlossenen Fadenklemme, während sich die Abzugsklemme mit konstanter Geschwindigkeit bewegt.
Die mit der Fadenzugkraft linear zunehmende elektrische Meßspannung steuert den Zeiger eines Kompensationsschreibers, dessen Diagrammpapier zeit- bzw. dehnungsproportional abläuft. Auf diese Weise entsteht eine KD-Linie in einem rechtwinkligen Koordinatensystem.

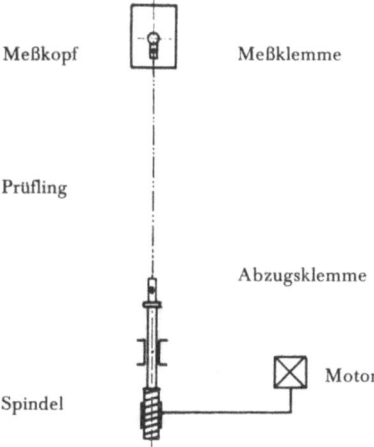

Abb. 1

Derartige Geräte bieten gegenüber denen der Gruppe a und c den Vorteil, daß verfälschende Einflüsse auf die Prüfergebnisse durch mechanische Trägheitsmomente und durch Reibungskräfte in den Meßsystemen völlig ausgeschlossen werden. Eine Prinzipskizze des Prüfens mit konstanter Verformungsgeschwindigkeit zeigt Abb. 1.

## 4.2. Verschiedene Verfahren zur Mittelung

### 4.2.1. *Experimentelle Durchführung*

Für die Bestimmung der mittleren KD-Linie bieten sich verschiedene Möglichkeiten an, die allerdings zu mehr oder weniger unterschiedlichen Ergebnissen führen.

1. Aus dem Diagramm, in dem N-Kurven übereinander aufgeschrieben sind, wird jeweils das arithmetische Mittel von Bruchdehnung und Bruchkraft bestimmt und anschließend der dazugehörige Punkt markiert. Bei ausreichend großem N ist anzunehmen, daß eine der vorliegenden KD-Linien in diesem Punkt endet. Sie kann dann als mittlere KD-Linie angesehen werden. Geht keine Kurve direkt durch die Markierung, so ist die mittlere KD-Linie durch den Punkt entsprechend dem Verlauf jener Kurve zu zeichnen, die in ihren Bruchwerten den Mittelwerten für Bruchkraft und -dehnung am nächsten kommt.

2. In dem Diagramm mit N übereinander aufgeschriebenen KD-Linien wird die Koordinate der Dehnung in eine je nach der Gleichmäßigkeit des untersuchten Materials und der Art der Kraft-Dehnungs-Charakteristik mehr oder weniger große Anzahl von Abschnitten – die Dehnungsklassen – unterteilt. Über jedem Teilstrich sind die Kraftwerte sämtlicher N-Kurven jeweils zu addieren und anschließend durch N zu dividieren. Die so errechneten arithmetischen Mittelwerte werden dann über den entsprechenden Dehnungswerten aufgetragen und ergeben eine Punktfolge, durch welche die mittlere KD-Linie zu legen ist.
Die Dehnungsklassen brauchen dabei nicht alle gleich breit gewählt zu werden, sie sind vielmehr so einzutragen, daß auf einen Bereich starker Krümmung der KD-Linie relativ viele, auf einen Abschnitt mit geradlinigem Verlauf dagegen wenige Klassen entfallen.
Eine konsequente Durchführung dieser Methode wird mit zunehmender Faden- bzw. Faserbruchzahl bei Größerwerden der Dehnung dazu führen, daß die mittlere KD-Linie sich immer mehr an die noch verbleibenden Kurven annähert und schließlich mit dem letzten Teil der längsten KD-Linie zusammenfällt. Es wird daher zweckmäßig sein, die mittlere KD-Linie in dem Punkt, welcher der mittleren Bruchdehnung entspricht, abzubrechen.

3. Wie in 2. von der Koordinate der Dehnung, so kann selbstverständlich auch von der Koordinate der Kraft ausgegangen werden. Diese ist wieder in beliebig viele Abschnitte – die Kraftklassen – zu unterteilen, sodann sind die zu den ein-

zelnen Teilpunkten gehörigen Dehnungswerte der KD-Linien zu addieren und zu mitteln. Auch hier ist es sinnvoll, die so gefundene mittlere KD-Linie nur bis zur Höhe der mittleren Bruchlast zu zeichnen.

Die im folgenden beschriebenen Untersuchungen wurden an Garnen durchgeführt. Zur Aufzeichnung der KD-Linien kam ein Zugprüfgerät vom Typ »Statigraph« (Fabrikat Textechno) zum Einsatz, das gemäß Punkt b in Abschnitt 2.1 mit konstanter Verformungsgeschwindigkeit und unter Verwendung einer elektronischen Kraftmeßeinrichtung arbeitet.

Zur Vereinfachung der Auswertung wurden jeweils zehn Kurven übereinander, d. h. vom gleichen Punkt auf dem Diagrammpapier ausgehend, aufgeschrieben. Um die Anwendung der drei Verfahren auf Materialien mit verschiedenen Kraft-Dehnungs-Charakteristiken zu untersuchen, wurden die folgenden Garne für die Prüfung ausgewählt:

Baumwolle Nm 25/2
Wolle Nm 32/2 und
Polyester endlos Td 75/35

## 4.2.2. *Ergebnisse*

An jedem Material wurden 50 Reißungen durchgeführt. Die daraus gewonnenen Mittelwerte für die Bruchdehnungen und Bruchkräfte sowie deren Variationskoeffizienten sind der nachstehenden Tabelle zu entnehmen.

Material: Baumwolle Nm 25/2
    mittlere Bruchkraft:    778,30 p    Variationskoeffizient:    8,58 %
    mittlere Bruchdehnung:    8,70 %    Variationskoeffizient:    9,22 %
Material: Wolle Nm 32/2
    mittlere Bruchkraft:    498,8 p    Variationskoeffizient:    12,50 %
    mittlere Bruchdehnung:    22,75 %    Variationskoeffizient:    25,87 %
Material: Polyester endlos Td 75/35
    mittlere Bruchkraft:    295,80 p    Variationskoeffizient:    4,36 %
    mittlere Bruchdehnung:    25,38 %    Variationskoeffizient:    9,03 %

Die KD-Linien der einzelnen Fadenmaterialien sind aus den folgenden Abb. 2a, 2b und 2c ersichtlich. Der Einfachheit halber werden von jedem Material nur zehn Kurven gezeigt. Diagramm a gilt für den Baumwollzwirn, b für den Wollzwirn und c für den multifilen Polyester-Endlosfaden.

In allen drei Kurvenscharen ist der Wert für die mittlere Bruchdehnung–Bruchkraft markiert und die danach entsprechend Abschnitt 4.2.1. Punkt 1 ausgewählte mittlere KD-Linie eingetragen.

Die Mittelung über Dehnungs- und Kraftklassen für die KD-Linien des Baumwollmaterials wird in der Abb. 3 dargestellt. Eingezeichnet sind außerdem die Vertrauensbereiche für die Mittelwerte über den einzelnen Klassen sowie die Bruchwerte der Fäden mit minimaler bzw. maximaler Bruchkraft und minimaler

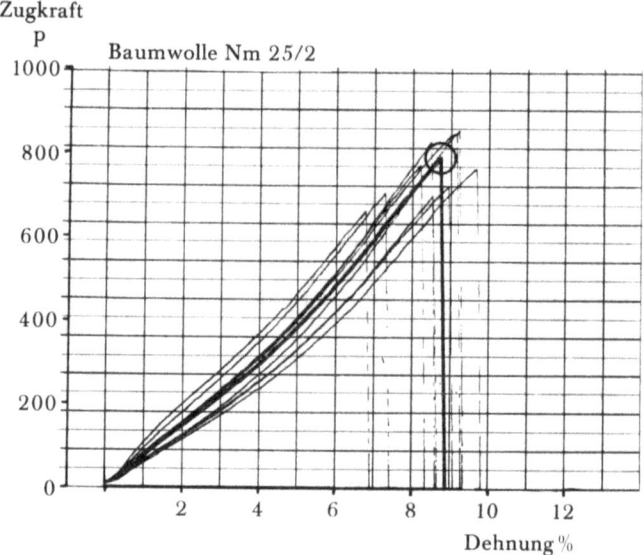

Abb. 2a

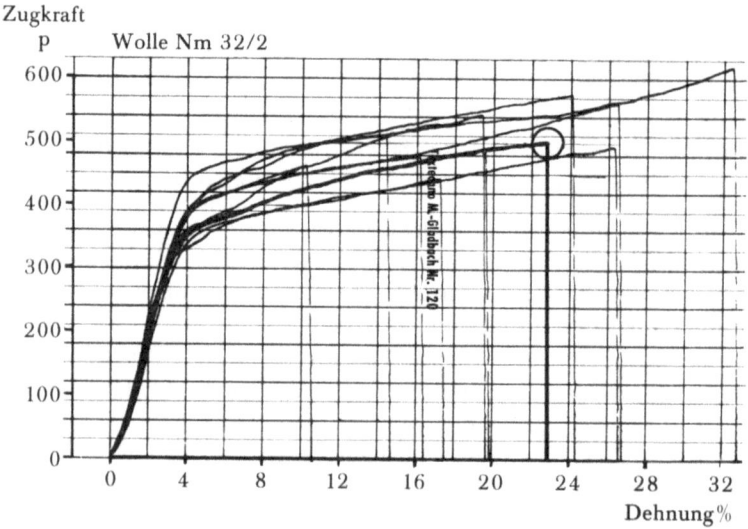

Abb. 2b

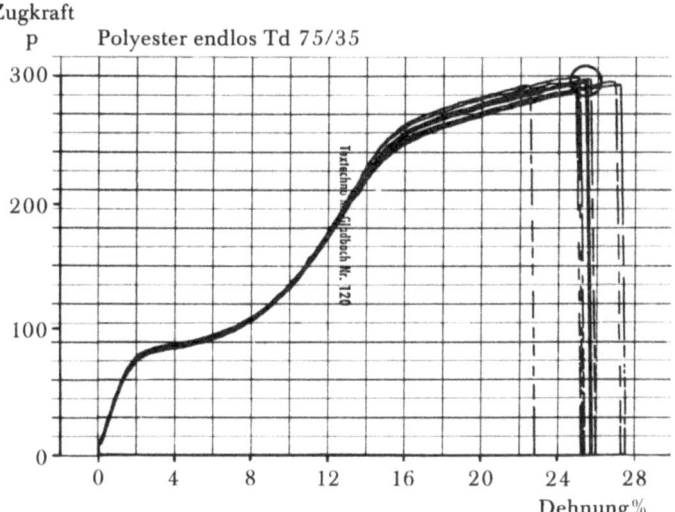

Abb. 2c

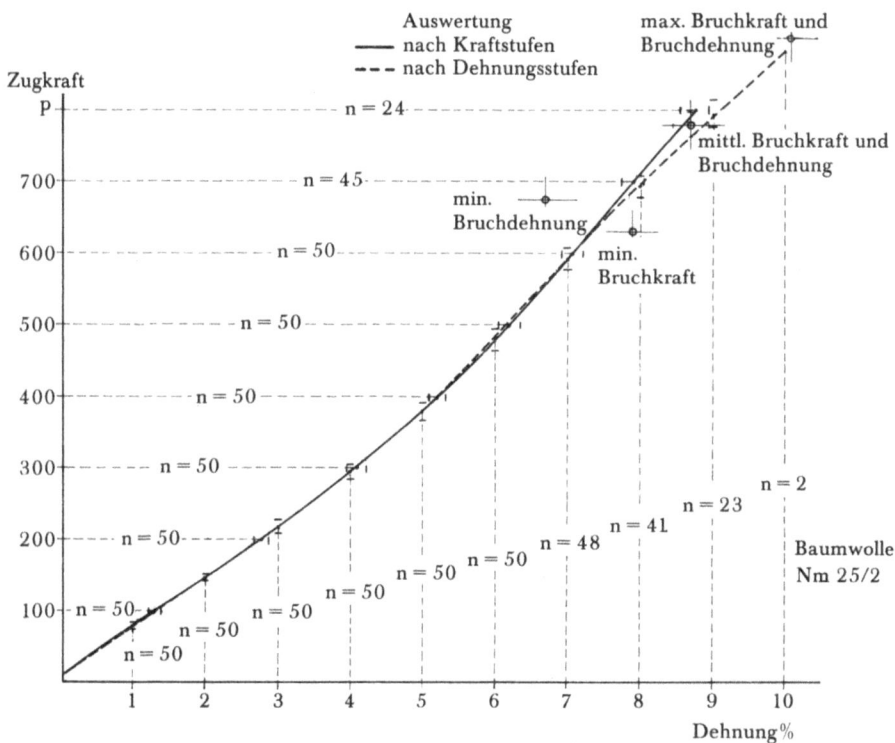

Abb. 3

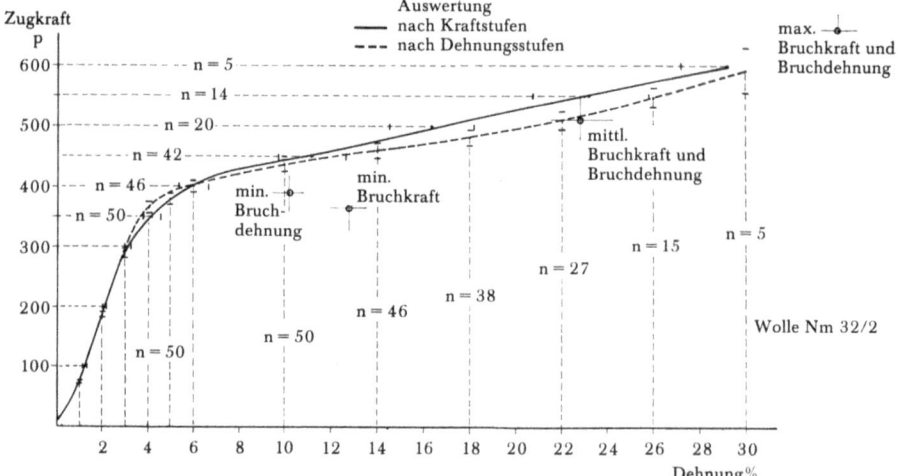

Abb. 4

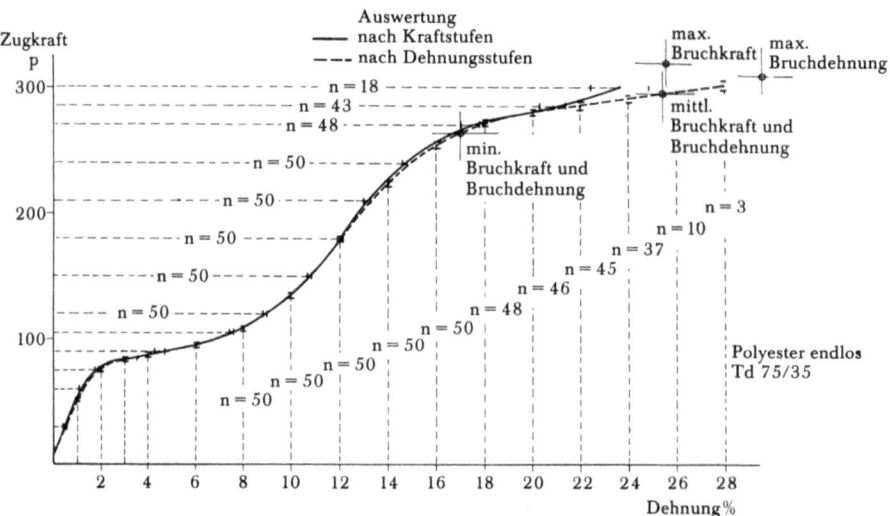

Abb. 5

bzw. maximaler Bruchdehnung. Die Zahlenwerte für *n* geben an, über wieviel Einzellinien die Mittelung in jeder Klasse erfolgte.

Die Abb. 4 und 5 gelten für Wolle und Polyester. In diesen beiden Fällen wurden die Klassenbreiten verschieden groß gewählt, um den ungeradlinigen Kurvenformen Rechnung zu tragen.

Es erweist sich, daß die Unterschiede zwischen den über Kraft- und über Dehnungsklassen gemittelten Kurven – insbesondere in den Anfangsbereichen – verhältnismäßig gering sind. Die Abweichungen liegen zum Teil noch im Rahmen der Vertrauensbereiche der Mittelwerte. Lediglich an den Kurvenenden zeigt sich ein Auseinanderstreben, da sich hier die mittleren Kurven in ihrem Verlauf den KD-Linien mit den höchsten Bruchdehnungen bzw. den im allgemeinen davon verschieden mit den höchsten Bruchkräften annähern.

Trotzdem kann rechnerisch nachgewiesen werden, daß zwischen beiden Verfahren ein prinzipieller Unterschied besteht, so daß geringfügig unterschiedliche Ergebnisse auch im Anfangsbereich der Linien, d. h. vor dem Punkt des ersten Fadenbruches, zu erwarten sind. Das ist im folgenden Abschnitt 4.2.2. an Hand einfacher Beispiele aufgezeigt. Gegenüber diesen schrittweise gemittelten Kurven kann eine aus den mittleren Bruchwerten des Materials gefundene mittlere KD-Linie Abweichungen zeigen. Unter anderem ist dies darauf zurückzuführen, daß Krümmungen oder Knicke in den KD-Linien durch die Mittelung über Klassen abflachen, wenn nur eine begrenzte Anzahl von Werten eingetragen wird. Das gilt insbesondere für den Fall der Wollcharakteristik, die ein relativ scharfes »Knie« oberhalb des »Hookeschen Bereiches« aufweist.

### 4.2.3. *Theoretische Betrachtung zur Mittelung*

Es soll hier gezeigt werden, daß bei einer Schar von Kurven desselben Typs eine Mittelung aller Ordinatenwerte über einem festen Abszissenwert und eine Mittelung aller Abszissenwerte über einem festen Ordinatenwert zu verschiedenen mittleren Kurven führen. Als erstes sei eine Schar von Geraden durch den Nullpunkt betrachtet (vgl. Abb. 6).

Die allgemeine Geradengleichung lautet:

$$y = a_m \cdot x$$

Es wird bei festem $x = x_0$ das Mittel der $y$-Werte aller $N$ Geraden gebildet. Unter der Voraussetzung, daß die gesuchte mittlere Gerade in diesem Fall

$$y = b \cdot x$$

lautet, muß gelten:

$$\frac{\sum_{m=1}^{N} a_m \cdot x_0}{N} = b \cdot x_0$$

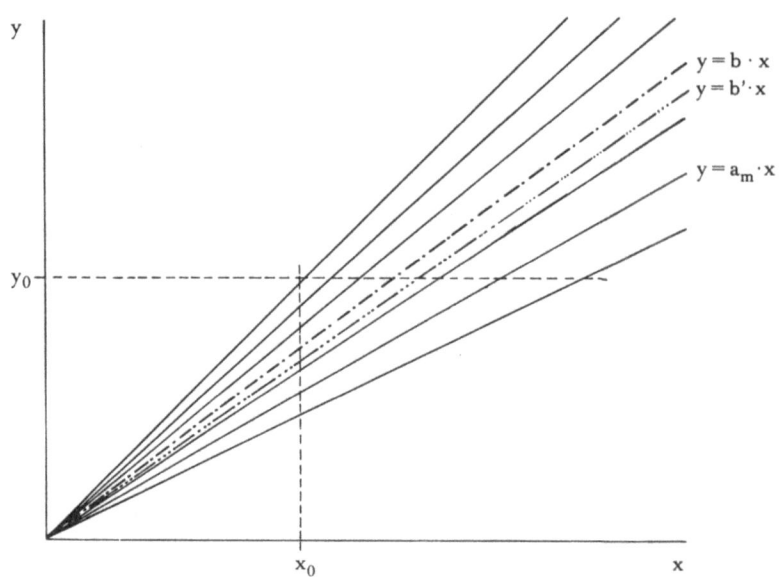

Abb. 6

Daraus folgt:

$$b = \frac{\sum\limits_{m=1}^{N} a_m}{N}$$

In Übereinstimmung mit Abschnitt 3 kann auch bei festem $y$ über alle $x$-Werte gemittelt werden. Wird angenommen, daß sich dabei die mittlere Gerade

$$y = b' \cdot x$$

ergibt, so ist hier zu setzen

$$\frac{y_0}{b'} = \frac{\sum\limits_{m=1}^{N} \frac{y_0}{a_m}}{N}$$

und damit ist

$$b' = \frac{N}{\sum\limits_{m=1}^{N} \frac{1}{a_m}}$$

Sind die beiden gefundenen mittleren Kurven tatsächlich voneinander verschieden, so muß $b - b' \neq 0$ sein:

$$b - b' = \frac{\sum\limits_{m=1}^{N} a_m}{N} - \frac{N}{\sum\limits_{m=1}^{N} \frac{1}{a_m}} = \frac{\left(\sum\limits_{m=1}^{N} a_m\right)\left(\sum\limits_{m=1}^{N} \frac{1}{a_m}\right) - N^2}{N \sum\limits_{m=1}^{N} \frac{1}{a_m}} = \frac{\frac{1}{N^2}\left(\sum\limits_{m=1}^{N} a_m\right)\left(\sum\limits_{m=1}^{N} \frac{1}{a_m}\right) - 1}{\frac{1}{N} \sum\limits_{m=1}^{N} \frac{1}{a_m}}$$

Da $a_m$ nur positive Werte annehmen kann, ist der Nenner größer als Null. Wegen

$$\frac{a_1 + a_2 + \cdots + a_N}{N} \geq \sqrt[N]{a_1 \cdot a_2 \cdots a_N} \qquad (a_i > 0)$$

(Das Gleichheitszeichen gilt nur für den Fall, daß alle $N$-Werte $a_i$ gleich sind. Dies soll hier ausgeschlossen werden.)
folgt

$$\frac{1}{N^2} \left( \sum_{m=1}^{N} a_m \right) \left( \sum_{m=1}^{N} \frac{1}{a_m} \right) - 1 > \sqrt[N]{a_1 \cdot a_2 \cdots a_N} \cdot \sqrt[N]{\frac{1}{a_1} \cdot \frac{1}{a_2} \cdots \frac{1}{a_N}} - 1$$

und

$$b - b' > 0$$

In einem zweiten Beispiel wird eine Schar von Parabeln untersucht (vgl. Abb. 7). Die allgemeine Gleichung einer in die positive $x$-Richtung geöffneten Parabel lautet:

$$y = \pm \sqrt{a_m \cdot x}$$

Betrachtet wird hier jeweils nur der im 1. Quadrant liegende Kurvenzweig, es gilt daher das Pluszeichen.

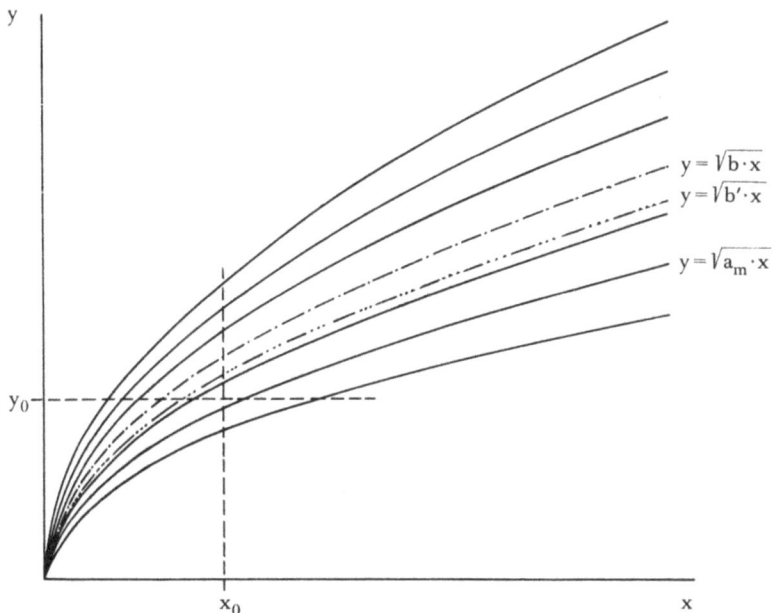

Abb. 7

Wird zuerst wieder das arithmetische Mittel aller $y$-Werte bei festem $x = x_0$ gebildet, so ist unter der Annahme, daß die gesuchte mittlere Kurve hier lautet:

$$y = \sqrt{b \cdot x}$$

$$\frac{\sum_{m=1}^{N} \sqrt{a_m \cdot x_0}}{N} = \sqrt{b \cdot x_0} \quad \text{bzw.} \quad b = \left(\frac{\sum_{m=1}^{N} \sqrt{a_m}}{N}\right)^2$$

Umgekehrt gibt die Summierung bei festem $y = y_0$ mit der mittleren Kurve

$$y = \sqrt{b' \cdot x}$$

$$\frac{\sum_{m=1}^{N} \frac{y_0^2}{a_m}}{N} = \frac{y_0^2}{b'} \quad \text{bzw.} \quad b' = \frac{N}{\sum_{m=1}^{N} \frac{1}{a_m}}$$

Der Beweis, daß $b - b' \neq 0$ ist, wird in der gleichen Weise wie oben geführt:

$$b - b' = \frac{\frac{1}{N^3}\left(\sum_{m=1}^{N} \sqrt{a_m}\right)^2 \left(\sum_{m=1}^{N} \frac{1}{a_m}\right) - 1}{\frac{1}{N}\sum_{m=1}^{N} \frac{1}{a_m}}$$

$$\frac{1}{N^3}\left(\sum_{m=1}^{N} \sqrt{a_m}\right)^2 \cdot \left(\sum_{m=1}^{N} \frac{1}{a_m}\right) - 1 > \left(\sqrt[N]{\sqrt{a_1}\sqrt{a_2}\cdots\sqrt{a_N}}\right)^2 \sqrt[N]{\frac{1}{a_1}\cdot\frac{1}{a_2}\cdots\frac{1}{a_N}} - 1$$

$$b - b' > 0$$

An Hand des ersten Beispieles soll noch gezeigt werden, in welcher Weise die Größe der Differenz $b - b'$ von der Streuung der Einzelwerte abhängt.
Dazu seien zwei Scharen ($S_1, S_2$) von je $N$ Geraden betrachtet, die sich beide mit unterschiedlicher Streuung um dieselbe Gerade in der Mitte ($y = m \cdot x$) gruppieren (vgl. Abb. 8).
Alle Geraden innerhalb einer Schar haben in vertikaler Richtung denselben Abstand zu der jeweils benachbarten:

$$S_1: \quad y = a_i \cdot x$$

mit

$$a_1 = m - n \cdot c_1, \quad a_2 = m - (n-1) c_1, \ldots a_n = m - c_1, \quad a_{n+1} = m$$

$$\ldots a_{2n} = m + (n-1) c, \quad a_{2n+1} = a_N = m + n c_1 \quad (2n+1 = N)$$

$$S_2: \quad y = b_i \cdot x$$

mit

$$b_1 = m - n \cdot c_2, \quad b_2 = m - (n-1) c_2, \ldots b_n = m - c_2, \quad b_{n+1} = m$$

$$\ldots b_{2n} = m + (n-1) c_2, \quad b_{2n+1} = b_N = m + n c_1$$

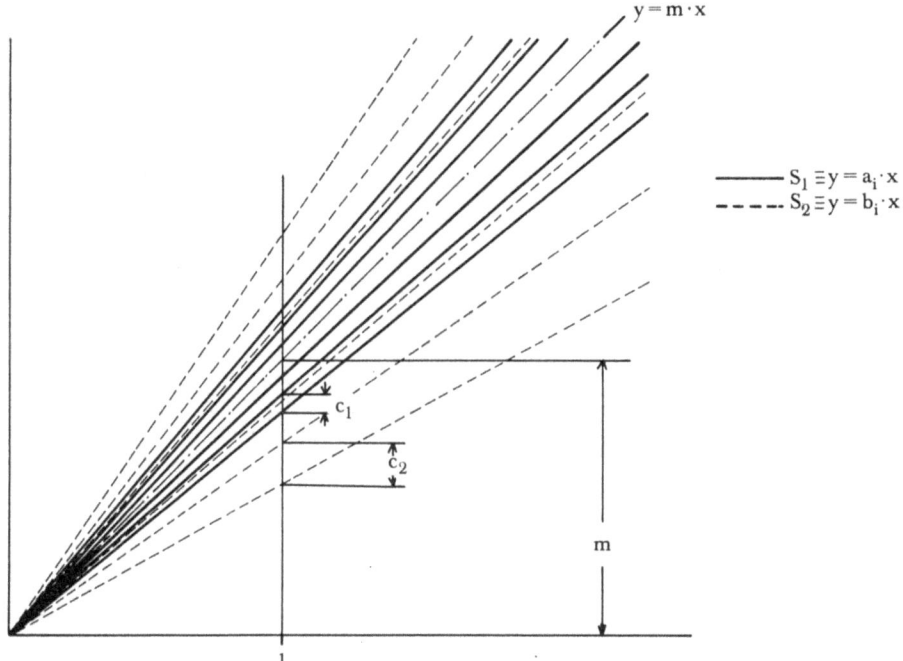

Abb. 8

Dabei sei $c_2 > c_1$, d. h. die Geraden der Schar $S_2$ weisen eine stärkere Streuung auf als die aus $S_1$.

Für $S_1$ ist

$$(b - b') S_1 = \frac{\sum\limits_{m=1}^{N} a_m}{N} - \frac{N}{\sum\limits_{m=1}^{N} \frac{1}{a_m}}$$

$$= \frac{[m - nc_1] + [m - (n-1)c_1] + \cdots + m + \cdots + [m + nc_1]}{N}$$

$$- \frac{N}{\dfrac{1}{m - nc_1} + \dfrac{1}{m - (n-1)c_1} + \cdots + \dfrac{1}{m} + \cdots + \dfrac{1}{m + nc_1}}$$

$$= m - \frac{N}{\dfrac{1}{m - nc_1} + \cdots}$$

Entsprechend ist für $S_2$

$$(b - b') S_2 = m - \frac{N}{\dfrac{1}{m - nc_2} + \cdots}$$

Die Differenz der beiden Abweichungen

$$(b - b') S_2 - (b - b') S_1 = \frac{N}{\dfrac{1}{m - nc_1} + \cdots} - \frac{N}{\dfrac{1}{m - nc_2} + \cdots}$$

$$= \frac{N\left[\left(\dfrac{1}{m - nc_2} + \cdots\right) - \left(\dfrac{1}{m - nc_1} + \cdots\right)\right]}{\left(\dfrac{1}{m - nc_1} + \cdots\right)\left(\dfrac{1}{m - nc_2} + \cdots\right)}$$

Da nur Geraden im 1. Quadranten betrachtet werden, sind $\dfrac{1}{m - nc_1}$, $\dfrac{1}{m - nc_2}$ und alle weiteren Ausdrücke im Nenner $> 0$, dieser ist somit positiv. Es bleibt zu prüfen, ob der Zähler von Null verschieden ist:

$$\left(\frac{1}{m - nc_2} + \frac{1}{m - (n-1)c_2} + \cdots + \frac{1}{m} + \cdots \frac{1}{m + (n-1)c_2} + \frac{1}{m + nc_2}\right)$$

$$-\left(\frac{1}{m - nc_1} + \cdots\right) + \cdots = \left(\frac{1}{m - nc_2} + \frac{1}{m + nc_2} - \frac{1}{m - nc_1} - \frac{1}{m + nc_1}\right)$$

$$+ \left(\frac{1}{m - (n-1)c_2} + \frac{1}{m + (n-1)c_2} - \frac{1}{m - (n-1)c_1} - \frac{1}{m + (n-1)c_1}\right)$$

$$+ \left(\frac{1}{m - c_2} + \frac{1}{m + c_2} - \frac{1}{m - c_1} + \frac{1}{m + c_1}\right)$$

$$= \frac{2m(n^2 c_2^2 - n^2 c_1^2)}{(m - nc_2)(m + nc_2)(m - nc_1)(m + nc_1)}$$

$$+ \frac{2m[(n-1)^2 c_2^2 - (n-1)^2 c_1^2]}{[m - (n-1)c_2][m + (n-1)c_2][m - (n-1)c_1][m + (n-1)c_1]}$$

$$+ \cdots + \frac{2m(c_2^2 - c_1^2)}{(m - c_2)(m + c_2)(m - c_1)(m + c_1)}$$

Der Nenner jedes Gliedes ist aus obengenannten Gründen wieder positiv, das gleiche gilt für den Zähler wegen

$$c_2 > c_1$$

Daraus folgt:
$$(b - b') S_2 - (b - b') S_1 > 0$$

Hiermit ist gezeigt, daß die Abweichung der Ergebnisse aus den beiden zur Diskussion stehenden Verfahren mit größer werdender Streuung der zu mittelnden Einzelwerte wächst. Während im vorliegenden Fall von einfachen symmetrischen Verteilungen ausgegangen wurde, kann ein entsprechender Beweis ebenso auch für eine Gaußsche Normalverteilung geführt werden.

Natürlich besteht noch eine Reihe weiterer Möglichkeiten, zu einer mittleren KD-Linie zu gelangen, wenn nach anderen Merkmalen – beispielsweise nach dem Arbeitsvermögen, d. h. der Fläche unter der KD-Linie, oder der Anfangssteigung – ausgewertet wird. Sie sollen an dieser Stelle nicht weiter besprochen werden, da sie z. T. keine wesentlichen neuen Gesichtspunkte bringen, z. T. der experimentellen Durchführung große Schwierigkeiten entgegensetzen.

# 5. Die Bestimmung der mittleren Kraft-Längenänderungs-Kurve am laufenden Faden

## 5.1. Ermittlung der Dehnkraft am laufenden Faden

### 5.1.1. Universalgarnprüfmaschine Frenzel-Hahn (Freha) Type II/III

Für die Aufzeichnung von KD-Linien wurden bisher Prüfgeräte der in Abschnitt 4.1. unter b beschriebenen Art eingesetzt. Jeder Einzelversuch liefert dabei die Überprüfung eines relativ kurzen Fadenstückes. Zur Beurteilung einer größeren Garnmenge muß daher eine entsprechende Anzahl von Prüfungen durchgeführt werden, die dann in der geschilderten Weise für die Bildung mittlerer KD-Linien auszuwerten sind.

Eine kontinuierliche Kraftmessung und -registrierung an einem laufenden, zwischen zwei Walzenpaaren einem konstanten Verzug unterworfenen Fadenmaterial gestattet dagegen die Garnprüfmaschine nach dem System Frenzel-Hahn (Fabrikat Hahn), deren prinzipieller Aufbau aus Abb. 9 ersichtlich ist.

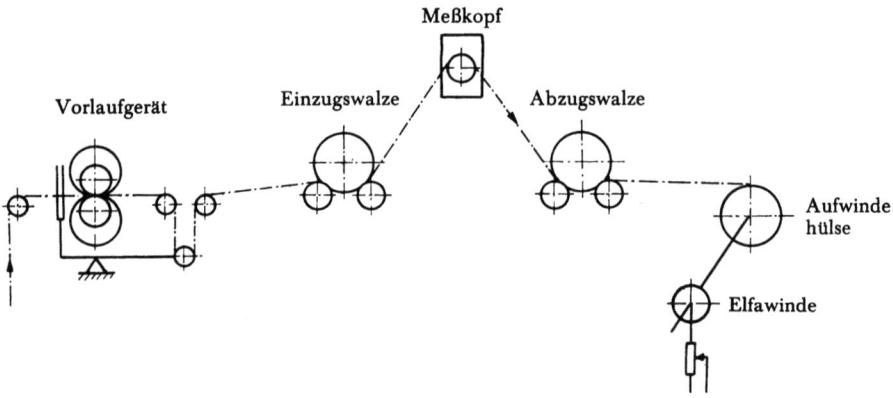

Abb. 9

Der Faden wird zwischen den Einzugs- und den Abzugswalzen, die mit unterschiedlicher Geschwindigkeit umlaufen, gedehnt. Die Geschwindigkeitsdifferenz und damit die Dehnung des Prüfgutes ist über ein Ziehkeilgetriebe in Stufen wählbar. Gewichtsbelastete Preßwalzen sorgen für eine einwandfreie Klemmung des Fadens. Eine in den Fadenlauf eingeordnete Rolle überträgt die Fadenzugkraft auf den elektrischen Meßkopf, der über einen Verstärker mit dem Registriersystem in Verbindung steht. Die entsprechend dem eingestellten Getriebeverzug um einen Mittelwert schwankende Kraft kann so fortlaufend aufgezeichnet werden. Wie auch bei den »statischen« Zugfestigkeitsprüfungen hat die Vorspannung, mit welcher der Faden in die Prüfstrecke eintritt, einen starken Einfluß auf den Ausfall der Meßergebnisse. So werden Schwankungen der Einlaufspannung Änderungen in der Anzeige der Dehnkraft hervorrufen, die das Diagramm verfälschen. Zur Vermeidung solcher Einflüsse ist ein Vorlaufgerät vorgesehen. Dieses besteht im wesentlichen aus einem Paar kegeliger Walzen, das von der Einzugswalze aus angetrieben wird. Je nachdem, ob der Faden am großen oder am kleinen Durchmesser der Konuswalzen eingeführt wird, erfolgt eine Erhöhung oder Herabsetzung der Zulaufgeschwindigkeit. Ein gewichtsbelastetes Hebelsystem, über das der Faden geführt wird, regelt die selbsttätige Steuerung und vermittelt eine konstante Vorspannung. Nach dem Verlassen der Abzugswalze wird der Faden einer elektromotorischen Winde zugeführt, die einen regelbaren Asynchronmotor mit Käfigläufer besitzt und eine ebenfalls konstante, in der Größe einstellbare Aufwindespannung gewährleistet.

*5.1.2. Gewinnung von Meßwerten für die Aufzeichnung einer mittleren KD-Linie*

Der Einsatz einer Garnprüfmaschine nach dem Prinzip der Freha dient im allgemeinen der Ermittlung der Gleichmäßigkeit eines Fadenmaterials. Der zu untersuchende Faden durchläuft die Meßstrecke, wobei er eine bestimmte, konstante Dehnung erfährt. Die Schwankungen der Fadenzugkraft werden durch den Schreiber aufgezeichnet; der Mittelwert der Kraft läßt sich bei einiger Übung verhältnismäßig leicht aus dem Diagramm ablesen. Sind die Schwankungen der Meßwerte sehr unregelmäßig, dann ist es zweckmäßiger ein Planimetriergerät für die Mittelwertbildung zu verwenden. Die damit bestimmte Fläche, dividiert durch die Länge des planimetrierten Diagramms, gibt ein Maß für die Größe der mittleren Dehnkraft. Schließlich besteht die Möglichkeit, diesen Mittelwert elektrisch mit Hilfe eines Klassiergerätes zu finden.
Werden nacheinander für dasselbe Fadenmaterial verschieden große Getriebeverzüge bzw. Dehnungsstufen gewählt, so stellen sich entsprechend dazu mittlere Kraftwerte ein. Solche Kraft-Dehnungs-Wertepaare sind in ein rechtwinkliges Kraft-Dehnungs-Koordinatensystem einzutragen und ergeben dort eine Punktfolge, deren Verlauf dem einer mittleren KD-Linie entspricht. Die Qualität einer derartigen KD-Linie ist dabei bestimmt durch die Genauigkeit der Mittelwertbildung sowie durch die Dichte der Meßpunkte. Letztere ist wiederum abhängig von der Feinstufigkeit der Getriebeeinstellung.
Die Grenze des Verfahrens ist erreicht, wenn die eingestellte Dehnung im Bereich der minimalen Bruchdehnung des Materials liegt. Die Messung ist dort abzubrechen, da durch die häufigen Fadenbrüche das Diagramm unübersichtlich wird und keine verläßlichen Werte mehr liefert.

*5.1.3. Durchgeführte Untersuchungen*

Bei den Arbeiten mit der Garnprüfmaschine wurden wieder die drei bereits in Abschnitt 4 behandelten Materialien verwendet.

Die eingesetzte Freha Type II verfügte über ein Ziehkeilgetriebe, das eine Veränderung des Getriebeverzuges zwischen 0 und 40% ermöglichte. Damit wurden in den hier durchgeführten Untersuchungen Dehnungen in Stufen von jeweils 1% eingestellt.

Da, wie bereits erwähnt, die Grenze des Verfahrens durch die minimale Bruchdehnung des Fadens gegeben ist, war die Prüfung im Falle des Wollzwirnes bereits bei 10% abzubrechen. Daraus ist die hohe Ungleichmäßigkeit des Materials zu ersehen. Näher an die mittlere Bruchdehnung heran konnten dagegen die Messungen an Baumwolle (bis 8%) und an Polyester (bis 20%) geführt werden. In jeder einzelnen Dehnungsstufe wurde eine Fadenlänge von 20 m untersucht. Dabei betrug die Umfangsgeschwindigkeit der Einzugswalze in allen Fällen 10 m/min und die am Vorlaufgerät eingestellte Kraft 10 p.

Diagramme, welche das treppenförmige Anwachsen der Kraft bei einer stufenweisen Erhöhung der Dehnung veranschaulichen, werden mit Abb. 10 gezeigt. Dabei gilt a für Baumwolle, b für Wolle und c für Polyester.

Auffallend zeigt sich in der Wollkurve die starke Schwankung der Kraft um den jeweiligen Mittelwert, während der endlose Polyesterfaden, wie zu erwarten, sehr gleichmäßig ist. Aus diesen Diagrammen wird deutlich, daß die Eintragung einer Mittellinie mit einem Lineal – insbesondere bei stärkeren Kraftschwankungen – gewissen subjektiven Einflüsse unterliegt.

Die Abb. 11 bringt die aus den Meßwerten aufgezeichneten KD-Linien. Während bei Baumwolle (a) und Polyester (c) die charakteristischen Formen verhältnismäßig gut erhalten bleiben, zeigt die Wollprobe (b) eine starke Abflachung des Anfangsbereiches gegenüber einer KD-Linie aus einem statischen Zugversuch.

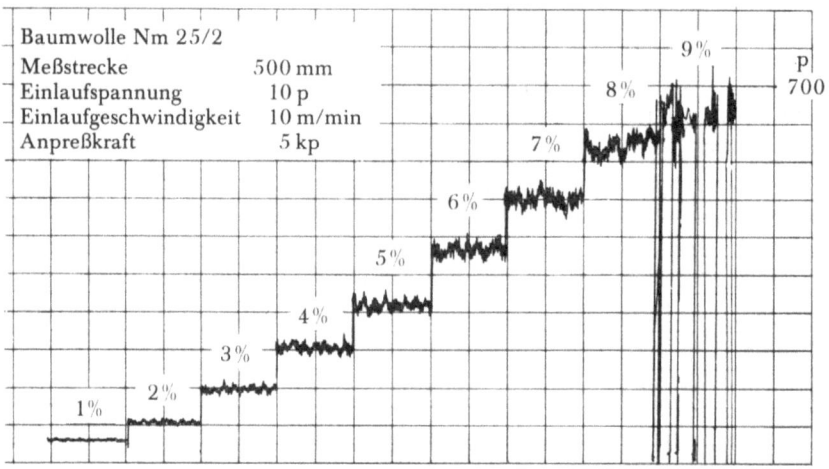

Abb. 10a

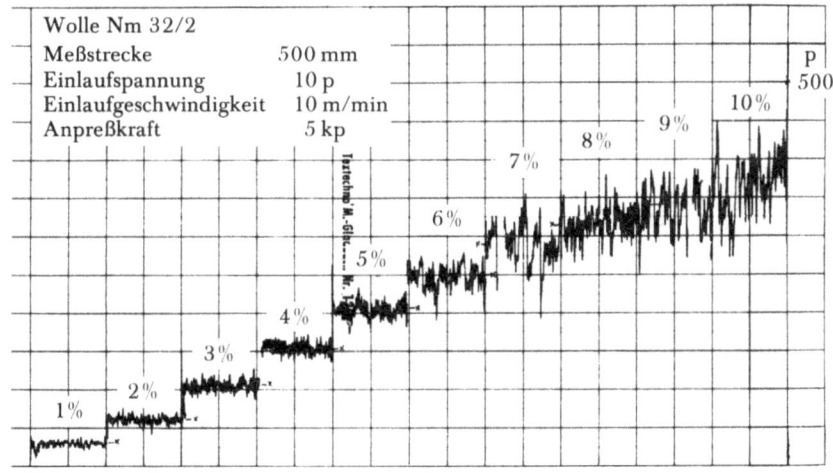

Abb. 10b

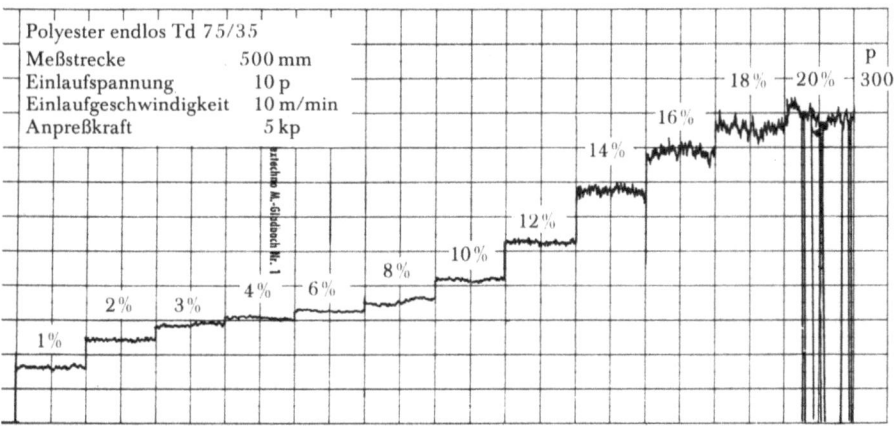

Abb. 10c

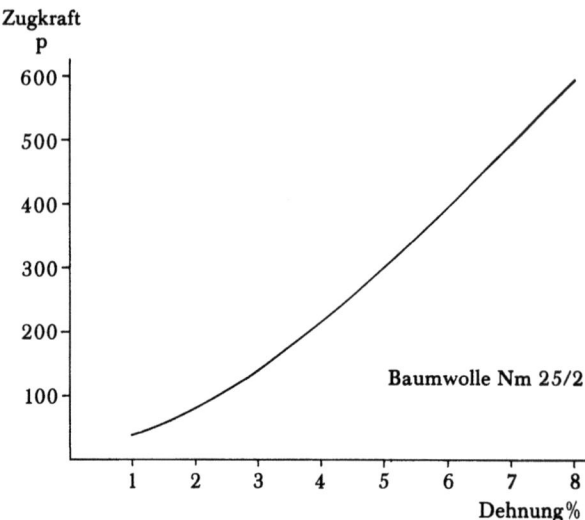

Abb. 11a

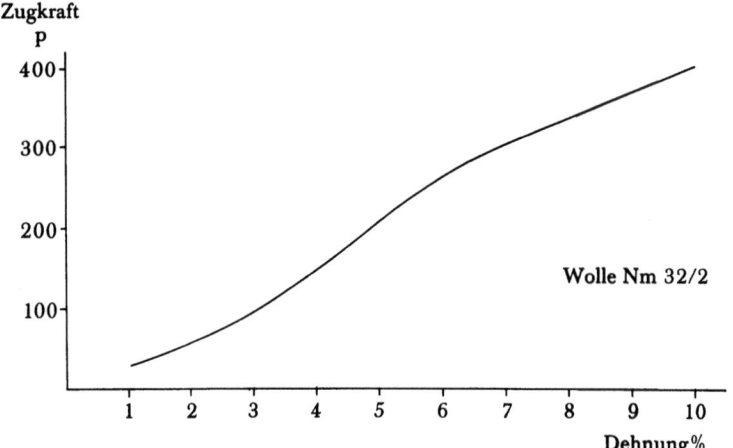

Abb. 11b

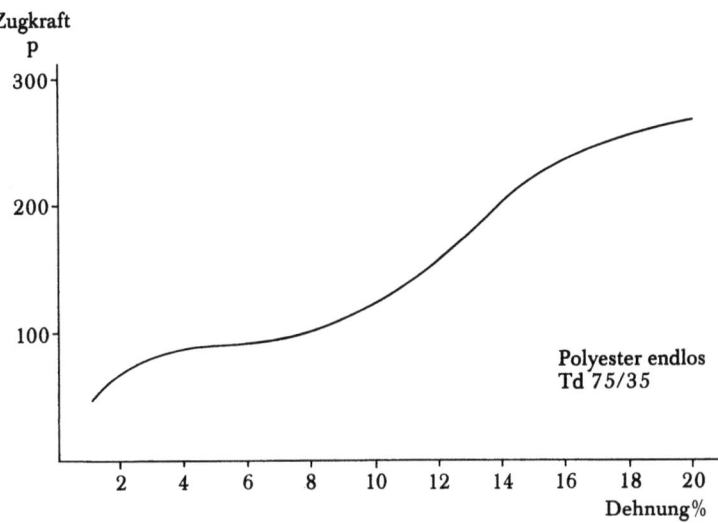

Abb. 11c

## 5.2. Verfahren zur Bestimmung der Fadendehnungen in Abhängigkeit von konstanten Zugkräften

### 5.2.1. *Versuchseinrichtung*

Bei Garnprüfmaschinen nach Art der Freha wird der Faden einer konstanten Dehnung unterworfen und die sich ausbildende Dehnkraft mit einer elektrischen Meßeinrichtung gemessen und registriert.
Umgekehrt ist es möglich, eine Prüfeinrichtung aufzubauen, in der auf den Faden bestimmte konstante Belastungen einwirken und die Fadendehnungen aus Längenmessungen am Material vor und nach der Zugbeanspruchung ermittelt werden.
Ein entsprechender Versuchsaufbau, bei dem Teile der bereits erwähnten Freha-Garnprüfmaschine Verwendung finden, ist im Prinzip in Abb. 12 wiedergegeben.
Der Faden wird zunächst wieder über ein Vorlaufgerät, das eine konstante Vorspannung gewährleistet, dem Einzugswalzenpaar zugeführt. Dieses ist mit einem Zählwerk verbunden, das die Umdrehungen der Walze anzeigt und damit ein Maß für die zulaufende Materiallänge $L_1$ liefert. Hinter dem Walzenpaar durchläuft der Faden frei die eigentliche Prüfstrecke von 500 mm Länge und wird dann von einer Elfawinde auf eine Trommel aufgewunden. Wie bereits im Abschnitt 5.1.1. beschrieben, besitzt der Antriebsmotor der Winde ein einstellbares, konstant bleibendes Drehmoment, durch das eine entsprechende konstante Zugkraft im Faden erzeugt wird. Ihre Größe wird von der elektrischen Meßeinrichtung angezeigt. Ein zweites in den Fadenlauf eingeordnetes Zählwerk $L_2$ bestimmt die unter Einwirkung der Zugkraft vergrößerte Länge des Materials beim Aufwinden. In

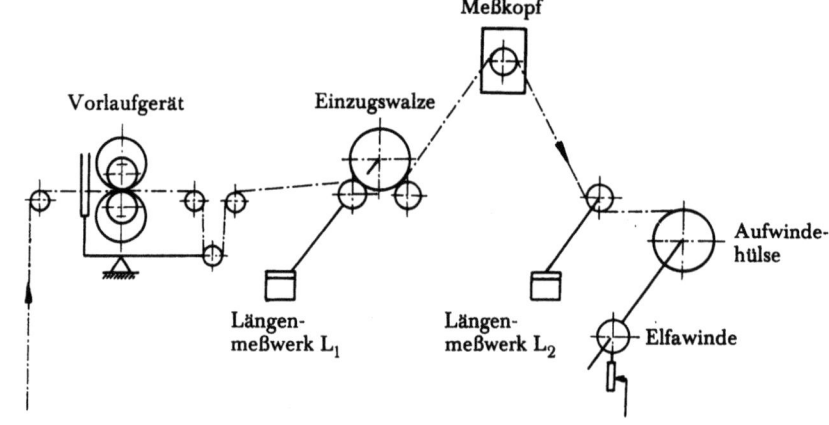

Abb. 12

den Versuchen hielt sich die Zunahme des Aufwindedurchmessers in so geringen Grenzen, daß die Fadenspannung ebenso wie das Drehmoment des Windenmotors konstant blieb.

*5.2.2. Gewinnung von Meßwerten für die Aufzeichnung einer mittleren KD-Linie*

Das hier angewandte Verfahren beruht ebenfalls auf der Ermittlung von einzelnen Meßwerten, aus denen dann eine KD-Linie zu zeichnen ist. Zu diesem Zwecke werden an der Elfawinde nacheinander verschieden hohe Drehmomente eingestellt und die auftretenden Längenänderungen des durchlaufenden Fadens aus der jeweiligen Differenz der Zählwerkangaben $L_2 - L_1$ errechnet. Die bei jeder Einstellung auftretenden Fadenzugkräfte sind aus der Anzeige der elektrischen Kraftmeßeinrichtung zu erhalten.
Die obere Grenze der anzuwendenden Kräfte ist durch die Festigkeit der schwächsten Stellen im Faden bestimmt. Oberhalb dieses Wertes setzen Fadenbrüche ein, die eine genaue Messung unmöglich machen.

*5.2.3. Durchgeführte Untersuchungen*

Es wurden wieder die bereits erwähnten Materialien verwendet. Die Umfangsgeschwindigkeit des Lieferwalzenpaares betrug auch hier 10 m/min, die am Vorlaufgerät eingestellte Kraft 10 p. Zu jedem Meßpunkt wurde eine Fadenlänge von 100 m überprüft.
Die Abb. 13a, b und c zeigen die nach den gemessenen Kraft-Dehnungs-Wertepaaren aufgezeichneten KD-Linien. Bei der annähernd geradlinigen Baumwoll-

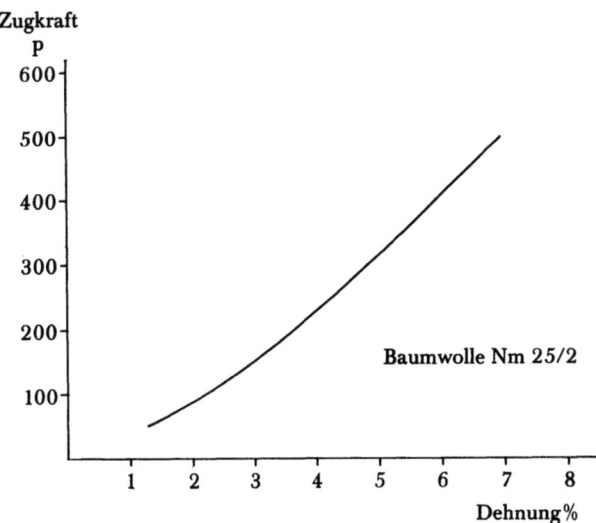

Abb. 13a

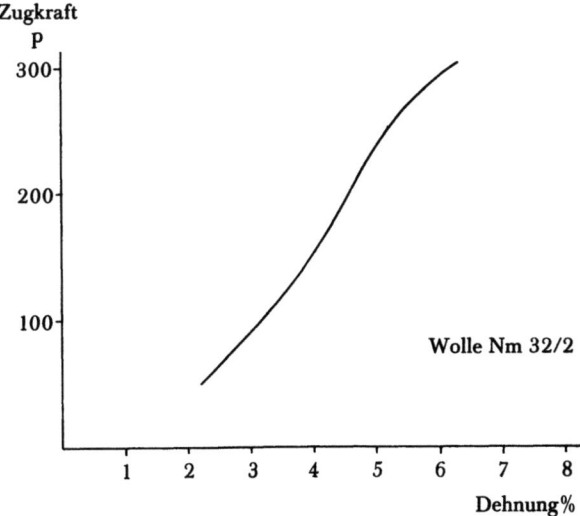

Abb. 13b

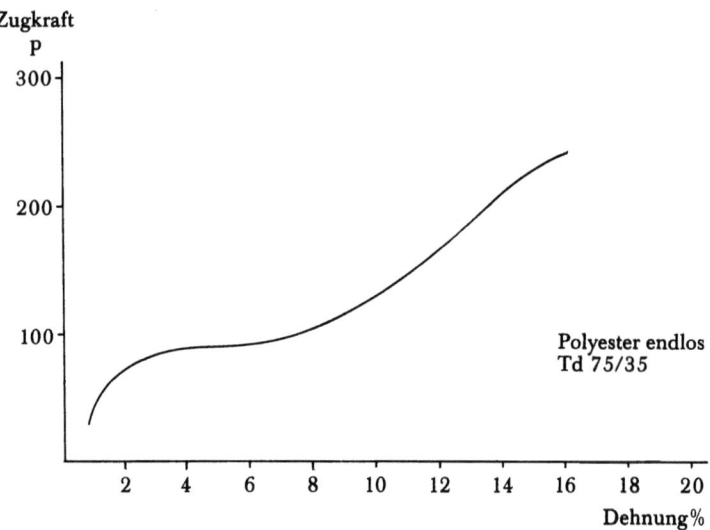

Abb. 13c

kurve (a) wurden die Kräfte im Abstand von je 100 p mit einer Zwischenstufe bei 50 p gewählt, bei Wolle (b) in Stufen von 50 p und im unteren Bereich der Polyester-KD-Linie (c) in Stufen von 15 bzw. 30 p.

Insbesondere bei der Wollkurve ist, ebenso wie im Versuch mit konstanten Dehnungsstufen eine starke Abflachung gegenüber einer im statischen Zugversuch gewonnenen KD-Linie zu erkennen.

# 6. Gegenüberstellung der Ergebnisse

Die Abb. 14, 15 und 16 bringen die nach den besprochenen Verfahren gefundenen mittleren KD-Linien.
Für alle drei Materialien ist eine gute Übereinstimmung bei den von statischen Zugversuchen herrührenden mittleren KD-Linien gegeben. Lediglich bei dem Wollgarn tritt der Unterschied zwischen den über Last- und über Dehnungsklassen gemittelten Kurven etwas stärker in Erscheinung. Die Abweichung im Bereich des Kurvenknies steht in Übereinstimmung mit der in Abschnitt 4.2.3. rechnerisch getroffenen Feststellung, wonach eine höhere Streuung der Einzel-KD-Linien eine größere Differenz der beiden Kurven zur Folge hat. Demgegenüber sind die Unterschiede oberhalb der Punkte minimale Bruchkraft bzw. minimale Bruchdehnung – wie schon erwähnt – darauf zurückzuführen, daß die jeweilige mittlere KD-Linie sich mit abnehmender Zahl der noch verbliebenen Einzel-

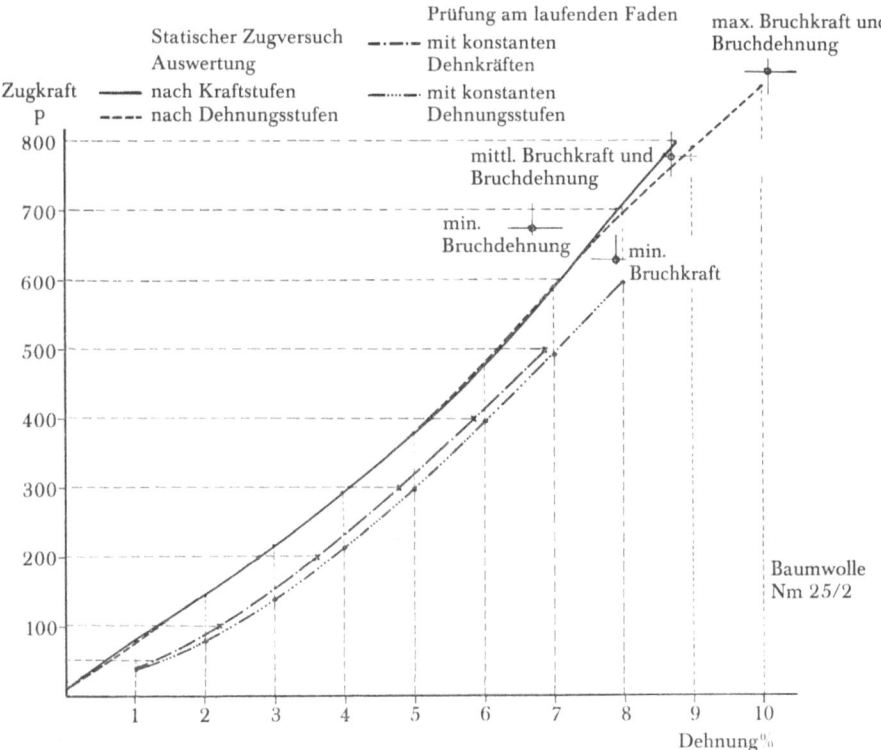

Abb. 14

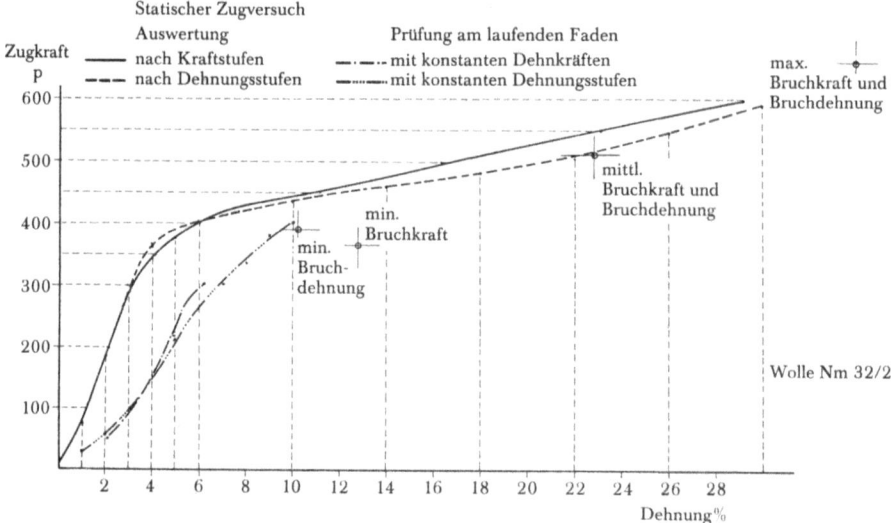

Abb. 15

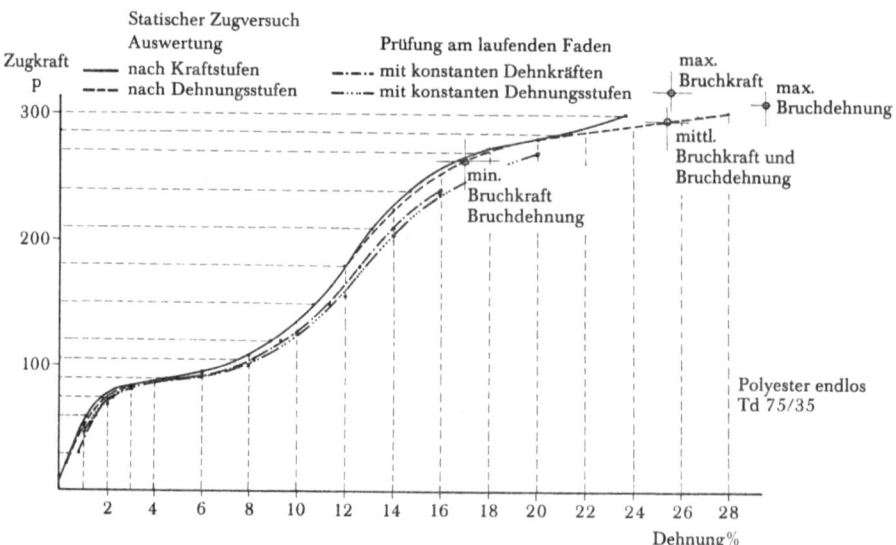

Abb. 16

kurven immer stärker deren Verlauf annähert. Fadenstücke mit überdurchschnittlich hoher Festigkeit sind nun häufig von solchen hoher Dehnung verschieden, so daß die über Dehnungsklassen gemittelte KD-Linie aus anderen Werten als die über Kraftklassen gemittelte gebildet wird.

Die mit der Freha ermittelten Linien verlaufen wesentlich flacher und enden bei kleineren Dehnungswerten. Dieser flachere Verlauf ist auf das ganz anders geartete Beanspruchungsprinzip, dem das Prüfgerät unterworfen wird, zurückzuführen. Während im statischen Zugversuch das Anwachsen der Kraft in dem gesamten zwischen Meß- und Abzugsklemme eingespannten Prüfgut verhältnismäßig langsam erfolgt, wird bei der Dehnung am laufenden Faden jedes Fadenelement bereits unmittelbar nach Verlassen der Einzugswalzen der gesamten in der Meßstrecke wirkenden Kraft ausgesetzt. Die Kraft bildet sich wiederum nur so hoch aus, daß die während des Durchlaufens der Strecke zwischen den Walzenanordnungen infolge des Fließens auftretende Dehnung gerade dem am Getriebe eingestellten Verzug entspricht. Weiterhin ist zu berücksichtigen, daß der Faden zwischen den Einzugswalzen eine Pressung senkrecht zur Längsachse erfährt, die einen Quetscheffekt und damit unter Umständen eine Fadenlängung zur Folge hat. Bei Gespinsten ist zudem damit zu rechnen, daß das Fasergefüge gewissen Veränderungen unterliegt. Ergibt sich auf diese Weise an der Einzugswalze eine größere Geschwindigkeit für den in die Meßstrecke einlaufenden Faden als sie dem Getriebeverzug entspricht, dann führt dies zwangsläufig zu einer Verminderung der Dehnkräfte für die einzelnen Dehnungsstufen.

Entsprechende Überlegungen gelten für das Verfahren, in dem das Prüfgut jeweils konstanten Zugkräften ausgesetzt war und die auftretenden Dehnungen gemessen wurden. Die Fadenbeanspruchungen entsprechen hierbei weitgehend den bei der Prüfung mit konstanten Dehnungsstufen gegebenen. Es ist daher verständlich, daß die beiden am laufenden Faden gefundenen Kurven für die einzelnen Materialien recht gut übereinstimmen.

Auffällig ist, daß die nach den verschiedenen Verfahren für Polyester endlos aufgenommenen KD-Linien geringfügiger voneinander abweichen als die entsprechenden Kurven für die Gespinste aus Baumwolle und Wolle. Dies wird nach dem bereits Gesagten darauf zurückgeführt, daß sich die Pressung an den Einzugswalzen bei einem Endlosfaden weniger stark auswirkt als bei einem Gespinst.

# 7. Zusammenfassung

Um die Kraft-Dehnungs-Eigenschaften von Fadenmaterialien anschaulich in Form von mittleren KD-Linien darzustellen, wurde eine Reihe verschiedener Prüf- und Auswertmethoden angewandt. Zur Durchführung statischer Zugprüfungen kam ein Gerät vom Typ Statigraph zum Einsatz, mit dem an einem Baumwollzwirn, einem Wollzwirn und einem Polyester-Endlosfaden zunächst KD-Linien in einem rechtwinkligen Koordinatensystem aufgezeichnet wurden. Nach Bestimmung der mittleren Bruchkraft und der mittleren Bruchdehnung ließ sich für jedes Material aus der Vielzahl der Kurven jeweils eine KD-Linie finden, die, zumindest in guter Näherung, diese Bruchwerte aufwies. Damit war in einfacher Weise eine mittlere KD-Linie zu gewinnen.

In zwei weiteren Verfahren wurde einmal die Dehnungsachse, ein anderes Mal die Kraftachse des Koordinatensystem in eine Reihe von Klassen eingeteilt. Die Mittelung über alle Einzelkurven in jeder Klasse ergab eine Reihe von Kraft- bzw. Dehnungsmittelwerten, durch die mittlere KD-Linien gezeichnet werden konnten. Die Abweichungen der beiden auf diese Weise aufgestellten Kurven voneinander erweisen sich als nicht zufällig; sie gehorchen vielmehr, wie in einer mathematischen Betrachtung gezeigt wurde, einer bestimmten Gesetzmäßigkeit: Mit steigendem Variationskoeffizient der Einzellinien wächst auch die Größe der Abweichungen.

Eine der Mittelung über Dehnungsklassen im Prinzip ähnliche Methode beruht auf Versuchen, die mit einer Frenzel-Hahn-Universalgarnprüfmaschine durchgeführt wurden. Hier durchläuft der Faden zwei Walzenanordnungen, die mit unterschiedlicher Geschwindigkeit umlaufen, und erfährt dabei eine konstante Dehnung. Die schwankende Fadenzugkraft kommt auf einem Linienschreiber zur Anzeige. Durch stufenweise Erhöhung des Getriebeverzuges kann eine Anzahl von Kraftmeßwerten gewonnen werden, die, zusammen mit den zugehörigen Dehnungswerten in einem Koordinatensystem aufgetragen, eine der KD-Linie entsprechende Punktfolge ergeben. Ein letztes hier angewandtes Verfahren arbeitete ebenfalls am laufenden Faden, aber mit Vorgabe von konstanten Zugkräften. Die abhängige Veränderliche war in diesem Fall die Dehnung. Die Kraft-Dehnungs-Wertepaare wurden wieder in ein Koordinatensystem eingetragen und die ihnen entsprechenden Punkte miteinander verbunden. Der so entstandene Kurvenzug stimmte gut mit dem an der Dehnungsprüfmaschine gefundenen überein.

Bei einem Vergleich der am laufenden Faden ermittelten KD-Linien mit solchen, die als Mittelwerte beim statischen Zugversuch gewonnen wurden, zeigt sich eine gute Übereinstimmung nur für den endlosen Polyesterfaden. Die bei den Gespinsten (Baumwolle und Wolle) beobachteten Abweichungen werden auf Veränderungen der Materialeigenschaften bzw. des Zusammenhaltes der im Gespinstverband vereinigten Einzelfasern durch die Pressung am Einzugswalzenpaar zurückgeführt.

# 8. Literaturverzeichnis

[1] BOBETH, W., Untersuchungen über das Quetschverhalten von Textilfaserstoffen. Melliand 40 (1959), S. 913–918.
[2] BOBETH, W., Zum Deformationsverhalten von Faserstoffen bei Quetschbeanspruchungen. Faserforschung und Textiltechnik 14 (1963), S. 431–439 und 489–494.
[3] FRENZEL, W., Die Untersuchung der Garne auf Dehnung, Elastizität und Festigkeit mit dem Garnprüfer »Frenzel-Hahn«. Mon. Z. Text. Ind. (1932), S. 354; (1941), S. 325.
[4] FRENZEL, W., Die Prüfung am laufenden Faden. Melliand Textilberichte 19 (1938), S. 233–237.
[5] Deutsche Normen. DIN 53815, Zugversuch – Allgem. Begriffe.
[6] Deutsche Normen. DIN 53829, Prüfung der Gleichmäßigkeit von Garnen am laufenden Faden bei konstanter Dehnung.
[7] Deutsche Normen. DIN 53834, Zugversuch an Garnen und Zwirnen.
[8] STEIN, H., Dehnungsprüfungen am laufenden Faden, Textil-Praxis 2 (1949), 9, S. 257; 3 (1948), 6 und 7, S. 165–168 und 200–203; 4 (1949), 10 und 11, S. 484–491 und 550–552.
[9] STEIN, H., Testfadenmeßtechnik. Melliand Textilberichte 38 (1957), 9 und 10, S. 970–975 und 1128–1131.
[10] WEGENER, W., und D. HANUSEK, Kurzzeitversuche an in der Längsrichtung beanspruchter Fäden nach verschiedenen Meßmethoden. Reyon, Zellwolle u. a. Chemiefasern 34 (1956), 11, S. 770–797, und 12, S. 846–852.

FORSCHUNGSBERICHTE
DES LANDES NORDRHEIN-WESTFALEN

Herausgegeben im Auftrage des Ministerpräsidenten Heinz Kühn
von Staatssekretär Professor Dr. h. c. Dr. E. h. Leo Brandt

# Textilforschung

*Gliederungsübersicht*

Allgemeines, Textilphysik, Textilchemie, Textilrohstoffe

Raumklima in Textilindustriebetrieben; insbesondere elektrostatische Raumluftaufladung und relative Luftfeuchtigkeit

Spinnereivorbereitung (Verfahren und Maschinen)

Spinnerei und Zwirnerei (Verfahren und Maschinen)

Nachbehandlung von Garnen und Zwirnen

Beurteilung fertiger Garne und Zwirne nach Herstellungsverfahren und Eigenschaften

Webereivorbereitung (Verfahren und Maschinen)

Weberei (Verfahren und Maschinen)

Beurteilung von Geweben und anderen textilen Flächengebilden nach Herstellungsverfahren und Eigenschaften

Textilveredlung (Bleichen, Färben, Drucken, Ausrüsten)

Arbeitsvorgänge und Maschinen in der Bekleidungsindustrie

Gebrauchsfragen einschließlich Wäscherei und Chemischreinigung

Textilprüfverfahren, Textilprüfgeräte

Betriebswirtschaftliche Untersuchungen auf dem Textilgebiet

Volkswirtschaftliche Untersuchungen auf dem Textilgebiet

## Allgemeines, Textilphysik, Textilchemie, Textilrohstoffe

**HEFT 34**
*Textilforschungsanstalt Krefeld*
Quellungs- und Entquellungsvorgänge bei Faserstoffen
*1953. 45 Seiten, 14 Abb., 13 Tabellen. DM 9,80*

**HEFT 35**
*Prof. Dr. phil. nat. Wilhelm Kast, Krefeld*
Feinstruktur-Untersuchungen an künstlichen Zellulosefasern verschiedener Herstellungsverfahren
*1953. 68 Seiten, 30 Abb., 7 Tabellen. DM 13,80*

**HEFT 64**
*Textilforschungsanstalt Krefeld*
Die Kettenlängenverteilung von hochpolymeren Faserstoffen
Über die fraktionierte Fällung von Polyamiden
*1954. 33 Seiten, 13 Abb. DM 8,60*

**HEFT 93**
*Prof. Dr. phil. nat. Wilhelm Kast, Krefeld*
Spinnversuche zur Strukturerfassung künstlicher Zellulosefasern
*1954. 69 Seiten, 39 Abb., 6 Tabellen. DM 16,—*

**HEFT 173**
*Prof. Dr. phil. nat. Rolf Hosemann und
Dipl.-Phys. Günter Schoknecht, Berlin, vorgelegt von
Prof. Dr. phil. nat. Wilhelm Kast, Krefeld*
Lichtoptische Herstellung und Diskussion der Faltungsquadrate parakristalliner Gitter
*1956. 93 Seiten, 63 Abb., 6 Tabellen. DM 24,70*

**HEFT 260**
*Prof. Dr. phil. nat. Wilhelm Kast, Freiburg
Prof. Dr. A. H. Stuart und
Dipl.-Phys. H. G. Fendler, Hannover*
Lichtzerstreuungsmessungen an Lösungen hochpolymerer Stoffe
*1956. 58 Seiten, 20 Abb., 5 Tabellen. DM 15,60*

**HEFT 261**
*Prof. Dr. phil. nat. Wilhelm Kast, Freiburg*
Feinstruktur-Untersuchungen an künstlichen Zellulosefasern verschiedener Herstellungsverfahren
Teil II: Der Kristallisationszustand
*1956. 67 Seiten, 27 Abb., 11 Tabellen. DM 17,20*

**HEFT 301**
*Prof. Dr. rer. nat. Wilhelm Weltzien,
Dr. rer. nat. Gerda Cossmann und Peter Diehl,
Textilforschungsanstalt Krefeld*
Über die fraktionierte Fällung von Polyamiden (II)
*1956. 42 Seiten, 1 Abb., 16 Tabellen. DM 11,30*

**HEFT 433**
*Dr.-Ing. Günther Satlow,
Deutsches Wollforschungs-Institut an der Rhein.-Westf.
Technischen Hochschule Aachen*
Über einige physikalische und chemische Eigenschaften der Wolle von der gewaschenen Wolle bis zum Kammzug
*1957. 62 Seiten, 15 Abb., 19 Tabellen. DM 15,25*

**HEFT 614**
*Prof. Dr. rer. nat. Wilhelm Weltzien,
Priv.-Doz. Dr. rer. nat. habil. Johannes Juilfs und
Dr. rer. nat. Werner Bubser, Krefeld*
Die Textilforschungsanstalt Krefeld 1920–1958
Ein Bericht zur Einweihung ihres Neubaus Frankenring 2
*1958. 78 Seiten, 11 Abb., 5 Baupläne. DM 23,80*

**HEFT 731**
*Dr.-Ing. Günther Satlow,
Deutsches Wollforschungs-Institut an der Rhein.-Westf.
Technischen Hochschule Aachen*
Hautwolle und Schurwolle. Eine Gegenüberstellung ihrer wichtigsten chemischen und physikalischen Eigenschaften
*1959. 96 Seiten, 4 Abb., 31 Tabellen. DM 23,60*

**HEFT 790**
*Prof. Dr. phil. nat. Wilhelm Kast, Freiburg
und Dipl.-Ing. Victor Elsaesser, Freiburg*
Fließvorgänge in der Spinndüse und dem Blaukonus des Cuoxam-Verfahrens
*1960. 131 Seiten, 59 Abb., 37 Tabellen. DM 36,50*

**HEFT 839**
*Prof. Dr. rer. nat. habil. Johannes Juilfs, Krefeld*
Zur Bestimmung der Absolutdichte von Fasern
*1960. 24 Seiten, 5 Abb., 3 Tabellen. DM 8,10*

**HEFT 879**
*Dipl.-Chem. Dr. rer. nat. Hans-Günther Fröhlich,
Forschungsinstitut der Hutindustrie e. V.,
Mönchengladbach*
Einsatz von künstlichen Eiweißfasern in Mischung mit Wolle und Kaninhaar zur Herstellung von Hutfilzen
*1960. 41 Seiten, 15 Abb., 10 Tabellen. DM 12,90*

**HEFT 1084**
*Dr.-Ing. Günther Satlow,
Deutsches Wollforschungsinstitut an der Rhein.-Westf.
Technischen Hochschule Aachen*
Charakteristische Eigenschaften von Rohwollen
*1962. 67 Seiten, 15 Abb., 11 Tabellen. DM 33,80*

**HEFT 1106**
*Dr. rer. nat. Werner Bubser und
Dr. rer. nat. Walter Fester,
Textilforschungsanstalt, Krefeld*
Quell- und Lösereaktionen an Polyesterfasern zur Untersuchung von deren Veränderungen und Schädigungen
*1962. 34 Seiten, 14 Abb., 13 Tabellen. DM 16,—*

HEFT 1132
*Dr. rer. nat. Werner Bubser und
Dr. rer. nat. Walter Fester,
Textilforschungsanstalt, Krefeld*
Untersuchungen über die Anwendung der Trübungstitration bei Polyamiden
*1962. 33 Seiten, 19 Abb. DM 14,50*

HEFT 1154
*Dr.-Ing. Günter Blankenburg,
Deutsches Wollforschungsinstitut an der Rhein.-Westf. Technischen Hochschule Aachen*
Chemische und physikalische Eigenschaften von unveränderter und veränderter Wolle in Beziehung zum Filzvermögen
*1963. 96 Seiten, 38 Abb., 35 Tabellen. DM 43,80*

HEFT 1156
*Dr. rer. nat. Hans Hendrix und
Dr. rer. nat. Walter Fester,
Textilforschungsanstalt, Krefeld*
Potentiometrische Endgruppenbestimmung an synthetischen Fasern
Die Bestimmung der sauren Endgruppen an Polyester- und Polyacrylnitrilfasern
*1963. 23 Seiten, 3 Abb., 2 Tabellen. DM 10,70*

HEFT 1157
*Dr. rer. nat. Walter Fester und
Dr. rer. nat. Hans Hendrix,
Textilforschungsanstalt, Krefeld*
Analytische Untersuchungen an Polyacrylnitril- und Polyesterfasern
*1963. 25 Seiten, 5 Abb., 5 Tabellen. DM 10,40*

HEFT 1205
*Dr. rer. nat. Werner Bubser,
Textilforschungsanstalt, Krefeld*
Vergleichende Bestimmungen des Schmelzpunktes an synthetischen Faserstoffen
*1963. 25 Seiten, 5 Abb., 9 Tabellen. DM 11,80*

HEFT 1212
*Dr. rer. nat. Heimo Pfeifer, Textil-Technisches Institut der Vereinigten Glanzstoff-Fabriken AG und Deutsches Wollforschungsinstitut an der Rhein.-Westf. Technischen Hochschule Aachen*
Über den Abbau von Polyesterfasern durch Hydrolyse und Aminolyse
*1964. 107 Seiten, 54 Abb., 30 Tabellen. DM 61,50*

HEFT 1278
*Prof. Dr.-Ing. Paul-August Koch und
Dr. rer. nat. Maria Stratmann,
Ingenieurschule für Textilwesen, Krefeld*
Verfahren zur Erkennung und Untersuchung von Chemiefaserstoffen: I. Polyacrylnitril- und Multipolymerisat-Faserstoffe
*1964. 105 Seiten, 71 Abb., 8 Tabellen. DM 68,50*

HEFT 1300
*Dr. rer. nat. Werner Bubser, Textilforschungsanstalt Krefeld*
Einfluß der Trocknungsbedingungen beim Schlichten auf die technologischen Eigenschaften und die Entschlichtbarkeit bei Chemiefasern auf Zellulosebasis
*1963. 49 Seiten, 32 Tabellen. DM 19,80*

HEFT 1434
*Dr. rer. nat. Walter Fester, Textilforschungsanstalt, Krefeld*
Untersuchungen zur Verbesserung der Hitzebeständigkeit von Polyamidfasern
*1964. 43 Seiten, 25 Abb., 2 Tabellen. DM 23,80*

HEFT 1435
*Prof. Dr. rer. nat. Wilhelm Weltzien † und
Dr. rer. nat. Hans Hendrix,
Textilforschungsanstalt, Krefeld*
Einfluß der Thermofixierung auf die Eigenschaften von Polyestergewebe
*1964. 42 Seiten, 4 Tabellen. DM 21,—*

HEFT 1436
*Prof. Dr.-Ing. Helmut Zahn und
Dr. rer. nat. Franz Schade,
Deutsches Wollforschungsinstitut an der Rhein.-Westf. Technischen Hochschule Aachen*
Untersuchung bifunktioneller Reaktionen zur Einlagerung von Polymeren in Kollagen
*1965. 38 Seiten, 2 Abb., 7 Tabellen. DM 15,50*

HEFT 1465
*Prof. Dr.-Ing. Helmut Zahn, Dr. Friedrich-Wilhelm Kunitz und Dr. rer. nat. Herbert Meichelbeck, Deutsches Wollforschungsinstitut an der Rhein.-Westf. Technischen Hochschule Aachen*
Die irreversible Aggregierung cystinhaltiger Proteine durch Thioätherbildung
*1965. 42 Seiten, 10 Abb., 12 Tabellen. DM 24,—*

HEFT 1466
*Dr. rer. nat. Maria Stratmann, Ingenieurschule für Textilwesen, Krefeld*
Verfahren zur Erkennung und Unterscheidung von Chemiefaserstoffen
II.: Polyamid-Faserstoffe und Polyharnstoff-Faser Urylon
*1965. 102 Seiten, 114 Abb., 6 Tabellen. DM 64,50*

HEFT 1475
*Prof. Dr.-Ing. Helmut Zahn und Dr. rer. nat. Herbert Meichelbeck, Deutsches Wollforschungsinstitut an der Rhein.-Westf. Technischen Hochschule Aachen*
Die Funktion des Cysteins bei der Lanthioninquervernetzung von Wollkeratin
*1965. 62 Seiten, 20 Abb., 21 Tabellen. DM 34,80*

HEFT 1479
*Dr. rer. nat. Werner Bubser und Dr. rer. nat. Walter Fester, Textilforschungsanstalt Krefeld*
Quell- und Lösereaktionen an Polyacrylnitrilfasern zur Erkennung einer Hitzebehandlung
Beeinflussung von Polyamidfasern durch Wasserstoffsuperoxydbleichen
Die Aufnahme von Temperatur-Längungs-Schrumpfungs-Kurven synthetischer Fasern
*1965. 81 Seiten, 37 Abb., 10 Tabellen. DM 42,—*

HEFT 1485
*Dr. rer. nat. Werner Bubser und Dipl.-Chem. Wolfgang Lilie, Textilforschungsanstalt Krefeld*
Die Beeinflussung diazotierter, nicht gekuppelter Färbungen durch Leuchtstofflampen während des Färbeprozesses
*1965. 45 Seiten, 26 Abb., 3 Tabellen. DM 40,80*

HEFT 1530
*Dr. rer. nat. Maria Stratmann, Ingenieurschule für Textilwesen, Krefeld*
Verfahren zur Erkennung und Unterscheidung von Chemiefaserstoffen
III. Polyolefin-Faserstoffe
*1965. 53 Seiten, 46 Abb., 5 Tabellen. DM 58,—*

HEFT 1675
*Obering. Herbert Stein und Dipl.-Phys. Siegfried Hobe Institut für textile Meßtechnik, Mönchengladbach*
Untersuchungen über die Gründe von Abweichungen in der Fadenlänge gleichartiger und unter gleichen Voraussetzungen hergestellter Garnkörper
*1966. 47 Seiten, 37 Abb., 6 Tabellen. DM 28,70*

HEFT 1766
*Prof. Dr. F. Horst Müller und Dr. rer. nat. Gotthold Ebert, Institut für Polymere der Universität Marburg*
Kalorische Untersuchungen an Wolle
*1966. 46 Seiten, 36 Abb. DM 31,60*

HEFT 1772
*Dipl.-Chem. Dr. rer. nat. Hans Günther Fröhlich Forschungsinstitut der Hutindustrie e.V., Mönchengladbach*
Zusammenhänge zwischen der Art der Faserschädigung und dem Filzvermögen tierischer Fasern
*1966. 47 Seiten, 6 Abb., 17 Tabellen. DM 29,20*

HEFT 1794
*Prof. Dr.-Ing. Dr.-Ing. E. h. Walther Wegener und Dipl.-Ing. Alfred Kühnel*
*Institut für Textiltechnik der Rhein.-Westf. Technische Hochschule Aachen*
Ein Modell für die Anordnung der Elementarfäden in einem gedrehten Faden *In Vorbereitung*

## Raumklima in Textilindustriebetrieben; insbesondere elektrostatische Raumluftaufladung und relative Luftfeuchtigkeit

HEFT 273
*Karl H. W. Tacke, Wuppertal-Barmen*
Erfahrungen beim Verspinnen von Perlonfasern und bei der Herstellung von Trikotagen aus gesponnenem Perlon *1956. 25 Seiten. DM 7,90*

HEFT 897
*Prof. Dr.-Ing. Walther Wegener und Dipl.-Ing. Dieter Quambusch, Institut für Textiltechnik der Rhein.-Westf. Technischen Hochschule Aachen*
Zusammenhang zwischen dem Raumklima und der elektrostatischen Aufladung des Spinnmaterials
*1960. 81 Seiten, 44 Abb., 5 Tabellen. DM 23,90*

HEFT 1119
*Prof. Dr. Hans Israel, Rhein.-Westf. Technische Hochschule Aachen, Dozentur für Geophysik und Meteorologie, Dipl.-Ing. Heinrich Bücker*
Raumklimatische Untersuchungen im Zusammenhang mit Spinnereiproblemen unter besonderer Berücksichtigung der elektrischen Eigenschaften klimatisierter Luft
*1963. 193 Seiten, 69 Abb., 15 Tabellen. DM 86,—*

HEFT 1319
*Prof. Dr.-Ing. Walther Wegener und Dr.-Ing. E. Günther Hoth, Institut für Textiltechnik der Rhein.-Westf. Technischen Hochschule Aachen*
Ermittlung der Grundlagen über die Raumluftaufladung und Auswirkungen bei der Verarbeitung von Faserverbänden
*1964. 71 Seiten, 34 Abb., 6 Tabellen. DM 33,—*

HEFT 1821
*Prof. Dr. Hans Israel, Forschungsstelle für Geophysik und Meteorologie der Rhein.-Westf. Technischen Hochschule Aachen*
*Dipl.-Phys. Reinhold Knopp*
Raumklimatische Untersuchungen im Zusammenhang mit Spinnereiproblemen *In Vorbereitung*

## Spinnereivorbereitung (Verfahren und Maschinen)

HEFT 97
*Obering. Herbert Stein, Mönchengladbach*
Untersuchungen der Verzugsvorgänge an den Streckwerken verschiedener Spinnereimaschinen
2. Bericht: Ermittlung der Haft-Gleiteigenschaften von Faserbändern und Vorgarnen
*1955. 84 Seiten, 54 Abb. DM 21,—*

HEFT 397
*Dipl.-Ing. Waldemar Rohs und
Dipl.-Ing. Rudolf Otto, Technisch-Wissenschaftliches
Büro für die Bastfaserindustrie, Bielefeld*
Ungleichmäßigkeiten in Bändern von Bastfaserkarden, ihre Ursachen und Auswirkungen
*1957. 48 Seiten, 18 Abb., 42 Diagramme. DM 14,80*

HEFT 435
*Dipl.-Ing. Waldemar Rohs und
Dipl.-Ing. Ludwig Steinmetz, Technisch-Wissenschaftliches Büro für die Bastfaserindustrie, Bielefeld*
Die Massenungleichmäßigkeit von Flachsstreckenbändern in Abhängigkeit von Verzug und Dopplung *1957. 29 Seiten, 4 Abb., 2 Tabellen. DM 9,90*

HEFT 479
*Prof. Dr.-Ing. Walther Wegener und
Dipl.-Ing. Herbert Fourné, Institut für Textiltechnik der Rhein.-Westf. Technischen Hochschule Aachen*
Ursache des Überschreitens der Toleranzgrenze nach oben oder unten (Meter pro Gramm) an der Strecke
*1957. 47 Seiten, 17 Abb., 3 Tabellen. DM 14,60*

HEFT 609
*Dipl.-Ing. Waldemar Rohs und
Dipl.-Ing. Ludwig Steinmetz, Technisch-Wissenschaftliches Büro für die Bastfaserindustrie, Bielefeld*
Verteilung der Bastfasern im Verzugsfeld einer Nadelabstrecke
*1958. 42 Seiten, 10 Abb., 2 Tabellen. DM 13,45*

HEFT 749
*Dipl.-Ing. Waldemar Rohs und
Textil-Ing. Hugo Griese, Technisch-Wissenschaftliches Büro für die Bastfaserindustrie, Bielefeld*
Einfluß verschiedener Webfaktoren auf die Krumpfung von Halbleinen- und Baumwollgeweben
*1959. 28 Seiten, 2 Abb., 10 Tabellen. DM 8,60*

HEFT 1002
*Prof. Dr.-Ing. Walther Wegener und
Dipl.-Ing. Hans Peuker, Institut für Textiltechnik der Rhein.-Westf. Technischen Hochschule Aachen*
Die Beziehungen zwischen der Garngleichmäßigkeit und dem Warenbild textiler Flächengebilde
*1961. 128 Seiten, 31 Abb., 3 Tabellen. DM 42,40*

HEFT 1240
*Dipl.-Ing. Waldemar Rohs und Dipl.-Ing. Rudolf Otto, Technisch-Wissenschaftliches Büro für die Bastfaserindustrie, Bielefeld*
Verbesserung der Verarbeitungseigenschaften von Bastfasergarnen durch Beigabe einer Chemiefaserkomponente
*1963. 35 Seiten, 12 Abb., 8 Tabellen. DM 18,60*

HEFT 1836
*Prof. Dr.-Ing. Dr.-Ing. E. h. Walther Wegener und
Dipl.-Ing. Peter Ehrler, Institut für Textiltechnik der Rhein.-Westf. Technischen Hochschule Aachen*
Eine vereinfachte Qualitätskontrolle für Streichgarnspinnerei *In Vorbereitung*

## Textilveredlung (Bleichen, Färben, Drucken, Ausrüsten)

HEFT 32
*Technisch-Wissenschaftliches Büro für die
Bastfaserindustrie, Bielefeld*
Der Einfluß der Natriumchlorid-Bleiche auf Qualität und Verwebbarkeit von Leinengarnen und die Eigenschaften der Leinengewebe unter besonderer Berücksichtigung des Einsatzes von Schützen- und Spulenwechselautomaten in der Leinenweberei
*1953. 55 Seiten, 2 Abb., 12 Tabellen. DM 11,50*

HEFT 69
*Wäschereiforschung Krefeld*
Bestimmung des Faserabbaues bei Leinen unter besonderer Berücksichtigung der Leinengarnbleiche
*1954. 37 Seiten, 15 Abb., 3 Tabellen. DM 9,60*

HEFT 161
*Prof. Dr. rer. nat. Wilhelm Weltzien und
Dr. rer. nat. Gerd Hauschild, Krefeld*
Über Silikone und ihre Anwendung in der Textilveredlung
*1955. 120 Seiten, 22 Abb., 10 Tabellen. Vergriffen*

HEFT 452
*Prof. Dr. rer. nat. Wilhelm Weltzien und
Dr. phil. nat. Karin Windeck,
Textilforschungsanstalt Krefeld*
Veränderungen an Fasern bei der Bleiche mit Natriumchlorid und über einige Vergilbungserscheinungen
*1957. 51 Seiten, 3 Abb., 13 Tabellen. DM 14,85*

HEFT 496
*Dipl.-Chem. Peter Vogel,
Textilforschungsanstalt Krefeld*
Färberische Eigenschaften von zur Herstellung von Verdickungen in der Stoffdruckerei bestimmten Stoffen
*1957. 26 Seiten, 3 Abb., 3 Tabellen. DM 9,30*

HEFT 498
*Prof. Dr.-Ing. Helmut Zahn und
Dr. rer. nat. Wolfgang Gerstner,
Deutsches Wollforschungsinstitut an der
Rhein.-Westf. Technischen Hochschule Aachen*
Herstellung säurefester technischer Gewebe
*1957. 28 Seiten, 8 Tabellen. DM 9,65*

HEFT 501
*Dipl.-Ing. Waldemar Rohs und
Dr. rer. nat. Ingeborg Geurten,
Technisch-Wissenschaftliches Büro für die
Bastfaserindustrie, Bielefeld*
Untersuchungen in der Leinengarnbleiche
*1958. 38 Seiten, 5 Abb., 5 Tabellen. DM 11,50*

HEFT 761
*Dr. rer. nat. Ingeborg Lambrinou,
Technisch-Wissenschaftliches Büro für die
Bastfaserindustrie, Bielefeld*
Untersuchungen zur rationellen Durchfärbbarkeit von Bastfasergarnen
*1959. 53 Seiten, 1 Abb., 16 Tabellen. DM 14,10*

HEFT 816
*Dr. rer. nat. Helmut Pfannmüller,*
*Textil-Chemikerin Margret Pfannmüller*
*und Prof. Dr.-Ing. Helmut Zahn,*
*Deutsches Wollforschungsinstitut an der Rhein.-Westf.*
*Hochschule Aachen*
Die Bewetterung chemisch modifizierter Wollgarne
*1959. 31 Seiten, 31 Tabellen. DM 10,10*

HEFT 1020
*Dr. rer. nat. Ingeborg Lambrinou,*
*Technisch-Wissenschaftliches Büro für die*
*Bastfaserindustrie, Bielefeld*
Das Bleichen von Pflanzenfasern mit Chlordioxyd-Erprobung eines neuen Bleichverfahrens in der Leinengarnbleiche
*1961. 40 Seiten, 10 Abb., 6 Tabellen. DM 14,20*

HEFT 1411
*Dr. rer. nat. Eberhard F. Wagner,*
*Wäschereiforschung Krefeld e. V.*
Beeinflussung der Anschmutzbarkeit und Waschbarkeit von Textilien aus Naturfasern, Synthesefasern sowie Mischungen durch Spezialausrüstungen (antisoiling-Problem)
*1964. 40 Seiten, 7 Abb., 8 Tabellen. DM 19,50*

HEFT 1437
*Text.-Ing. Josef Ilg,*
*Wäschereiforschung Krefeld*
Herstellung einer künstlichen Testanschmutzung für Gewebe zur Prüfung von Wasch- und Textil-Hilfsmitteln sowie von Wasch- und Textilmaschinen
*1965. 31 Seiten, 13 Abb. DM 18,50*

HEFT 1438
*Dr.-Ing. habil. Horst Reumuth, Dr.-Ing. Friedrich Dehnert, Chem. Adolf Stay und*
*Dipl.-Chem. Harald Hedenetz, Institut für angewandte Mikroskopie, Fotografie und Kinematographie der Fraunhofer Gesellschaft e.V., Karlsruhe, Forschungsstelle Chemischreinigung, Krefeld*
Mikroskopische und mikrofotografische Studien über die Schmutzabtragung bei der Chemischreinigung von Textilien
*1965. 31 Seiten, 16 Bilder, 3 Tabellen. DM 21,50*

HEFT 1635
*Dr.-Ing. Friedrich Dehnert, Dipl.-Chem. Harald Hedenetz und Dr. rer. nat. Dietrich Lenz*
*Forschungsstelle Chemischreinigung e.V., Krefeld*
Untersuchungen zur Chemischreinigungs-Beständigkeit von Färbungen auf Wolle und Seide
*1966. 26 Seiten, 10 Tabellen. DM 12,70*

HEFT 1771
*Dr. Ingeborg Lambrinou*
*Forschungsinstitut für Bastfasern e.V., Bielefeld*
Die Bleichbarkeit verschiedener Flächse und Flachsmischungen
*1966. 51 Seiten, 14 Tabellen. DM 24,90*

## Arbeitsvorgänge und Maschinen in der Bekleidungsindustrie

HEFT 940
*Dr.-Ing. Günther Satlow und*
*Dr. rer. nat. Tarsilla Gerthsen,*
*Deutsches Wollforschungsinstitut an der Rhein.-Westf.*
*Technischen Hochschule Aachen*
Einfluß des Bügelns mit der Hoffmann-Presse auf einige Eigenschaften der Wolle
*1960. 45 Seiten, 21 Tabellen. DM 13,50*

## Gebrauchsfragen einschließlich Wäscherei und Chemischreinigung

HEFT 15
*Wäschereiforschung Krefeld*
Trocknen von Wäschestoffen
I. Lufttrocknung: Untersuchungen an Tumblern
*1952. 41 Seiten, 14 Abb., 2 Tabellen. DM 9,—*

HEFT 70
*Wäschereiforschung Krefeld*
Trocknen von Wäschestoffen
II. Kontakttrocknung: Untersuchungen über den Trockenvorgang und die Wäschebeanspruchung bei der Kontakttrocknung
*1954. 41 Seiten, 18 Abb., 3 Tabellen. Vergriffen*

HEFT 84
*Dr. med. habil. Dr. phil. Heinz Baron, Düsseldorf*
Über Standardisierung von Wundtextilien
*1954. 19 Seiten. DM 6,40*

HEFT 119
*Dr.-Ing. Oswald Viertel, Krefeld*
Wäscherei- und energietechnische Untersuchung einer Gemeinschafts-Waschanlage
*1955. 50 Seiten, 18 Abb. DM 10,20*

HEFT 159
*Dr.-Ing. Oswald Viertel und Oskar Oldenroth, Krefeld*
Das Bleichen von Weißwäsche mit Wasserstoffsuperoxyd bzw. Natriumhypochlorid beim maschinellen Waschen
*1955. 42 Seiten, 23 Abb., 2 Tabellen. DM 11,45*

HEFT 171
*Wäschereiforschung Krefeld*
Untersuchung der Wäscheentwässerung mit Hilfe von Zentrifugen und Pressen
*1955. 30 Seiten, 16 Abb., 4 Tabellen. DM 9,70*

HEFT 236
*Dr.-Ing. Oswald Viertel und*
*Susanne Brückner-Lucas, Krefeld*
Ergebnisse einer Hausfrauenbefragung über Wascheinrichtungen und Waschmethoden in städtischen Haushalten
*1956. 23 Seiten, 4 Abb. DM 7,60*

HEFT 393
*Dr.-Ing. Oswald Viertel und*
*Susanne Brückner-Lucas, Krefeld*
Arbeitszeitstudien an Haushaltswaschmaschinen
*1957. 61 Seiten, 8 Abb., 13 Tabellen. DM 17,30*

HEFT 578
*Dipl.-Ing. Herbert Schmidt,*
*Wäschereiforschung e. V., Krefeld*
Auswirkung der Strömungsverhältnisse in Trommelwaschmaschinen unter besonderer Berücksichtigung des Durchlaufspülens
*1958. 20 Seiten, 8 Abb. DM 8,45*

HEFT 722
*Dr.-Ing. Oswald Viertel und Eva Malz,*
*Wäschereiforschung Krefeld*
Mechanische Wäschebeanspruchung und Waschwirkung in Rührwerkmaschinen
*1959. 59 Seiten, 25 Abb., 23 Tabellen. DM 16,50*

HEFT 826
*Dr.-Ing. Oswald Viertel und Eva Schmahl,*
*Wäschereiforschung Krefeld*
Arbeitszeitstudien an Haushaltbottichwaschmaschinen gleicher Art und Größe mit verschiedener Ausstattung
*1960. 37 Seiten, 10 Abb., 4 Tabellen. DM 12,20*

HEFT 850
*Dr.-Ing. Oswald Viertel,*
*Wäschereiforschung Krefeld*
Maßveränderung und Faserbeanspruchung von Wäschestoffen bei verschiedenen Trocknungsverfahren
*1960. 34 Seiten, 9 Abb., 12 Tabellen. DM 10,70*

HEFT 865
*Textil-Ing. Josef Ilg, Wäschereiforschung Krefeld*
Ermittlung des Gebrauchswertes von Handtüchern verschiedener Qualität
*1960. 45 Seiten, 6 Abb., 22 Tabellen. DM 13,20*

HEFT 892
*Dipl.-Ing. Herbert Schmidt, Wäschereiforschung Krefeld*
Untersuchung über die Wäschebewegung in Trommelwaschmaschinen unter besonderer Berücksichtigung der Reinigungswirkung und des Faserabriebs
*1960. 27 Seiten, 9 Abb. DM 9,—*

HEFT 960
*Edith Schirmer und Dipl.-Ing. Herbert Schmidt,*
*Wäschereiforschung Krefeld*
Prüfung von Heimtrocknern (Trommeltrockner) auf Wirkungsgrad und Gewebeangriff
*1961. 42 Seiten, 15 Abb. DM 13,50*

HEFT 1120
*Dr.-Ing. Oswald Viertel und*
*Dipl.-Ing. Eberhard Wagner,*
*Wäschereiforschung Krefeld*
Ursachen der Fleckbildung beim Waschen mit optische Aufheller enthaltenden Waschmitteln und Möglichkeiten zur Beseitigung dieser Schwierigkeiten.
*1962. 38 Seiten, 19 Abb., 1 Tabelle. DM 17,80*

HEFT 1254
*Dipl.-Chem. Harald Hedenetz und Dr.-Ing. Friedrich Dehnert, Forschungsstelle Chemiereinigung e. V., Krefeld*
Vergrauungsfaktoren in der Chemischreinigung
*1963. 69 Seiten, 8 Figurentafeln, 7 Tabellen. DM 32,50*

HEFT 1275
*Dr. Klaus Ziegler, Deutsches Wollforschungsinstitut an der Rhein.-Westf. Technischen Hochschule Aachen*
Der Cysteinsäuregehalt der Wolle, seine Bestimmung und seine Veränderung durch Ausrüstungsprozesse
*1963. 40 Seiten, 14 Abb., 7 Tabellen. DM 18,50*

HEFT 1283
*Prof. Dr.-Ing. Walther Wegener und*
*Dipl.-Ing. Günter Schubert, Institut für Textiltechnik der Rhein.-Westf. Technischen Hochschule Aachen*
Einfluß verschiedener relativer Luftfeuchtigkeiten und Temperaturen auf die Laufverhältnisse, auf die Gleichmäßigkeit und auf die dynamometrischen Eigenschaften der gefertigten Garne
*1963. 42 Seiten, 12 Abb., 14 Tabellen. DM 23,50*

HEFT 1284
*Dr. rer. nat. Dipl.-Ing. Eberhard F. Wagner,*
*Wäschereiforschung Krefeld*
Verhalten von Komplexfärbungen und -drucken gegenüber phosphathaltigen Waschmitteln sowie Waschechtheit von Pigmentfärbungen und -drucken
*1964. 46 Seiten, 4 Abb., 10 Tabellen. DM 23,70*

HEFT 1285
*Dipl.-Ing. Herbert Schmidt, Wäschereiforschung Krefeld*
Theorie und Praxis des diskontinuierlichen und kontinuierlichen Spülens
*1964. 27 Seiten, 13 Abb. DM 15,60*

HEFT 1286
*Dipl.-Ing. Oskar Becker,*
*Institut für textile Meßtechnik Mönchengladbach*
Untersuchungen an lederbezogenen Druckrollen für die Streckwerke von Spinnereimaschinen
*1964. 57 Seiten, 22 Abb., 7 Tabellen. DM 24,80*

HEFT 1287
*Dr. rer. nat. Hans Günther Fröhlich, Forschungsinstitut der Hutindustrie e. V., Mönchengladbach*
Das Färben von Hutfilzen unterhalb Kochtemperatur unter Zusatz von Färbebeschleuniger
*1963. 33 Seiten, 6 Abb., 13 Tabellen. DM 15,80*

HEFT 1294
*Dr. rer. nat. Carlo Maurer,*
*Deutsches Wollforschungsinstitut an der Rhein.-Westf. Technischen Hochschule Aachen*
Beitrag zur Schrumpffrei-Ausrüstung von Wolle
*1964. 49 Seiten, 33 Abb., 18 Tabellen. DM 24,—*

HEFT 1298
*Prof. Dr. rer. nat. Wilhelm Weltzien und Ph. D. Dr. rer. nat. Waman Achwal, Textilforschungsanstalt Krefeld*
Die Bestimmung des Wassergehaltes mit Hilfe der Karl-Fischer-Methode in Harnstoff-Formaldehyd-Kunstharzen sowie in unbehandelten und in mit diesen Kunstharzen behandelten Geweben
*1963. 35 Seiten, 7 Abb., 13 Tabellen. DM 16,60*

HEFT 1318
Dr. rer. nat. Dietrich Lenz, Dipl.-Chem. Harald
Hedenetz und Dr.-Ing. Friedrich Dehnert, Forschungsstelle Chemischreinigung e. V., Krefeld
Untersuchungen zur Chemischreinigungs-Beständigkeit von Pigmentfarbstoff-Applikationen
*1964. 41 Seiten, 16 Tabellen. DM 19,—*

HEFT 1330
Prof. Dr. med. Heinrich Reploh,
Hygiene-Institut der Universität Münster
Die Beeinflussung des Keimgehaltes durch Waschen
bei niedrigen Temperaturen (20-60°C)
*1964. 25 Seiten, 15 Abb. DM 13,60*

HEFT 1514
Dr. rer. nat. Max Dominik, Dr. rer. nat. Hans-Günther
Otten und Gesine Töpert, Deutsches Wollforschungsinstitut der Rhein.-Westf. Technischen Hochschule Aachen
Wasch- und Trageversuche an filzfest ausgerüsteten
wollenen Strickwaren
*1965. 58 Seiten, 34 Abb., 31 Tabellen. DM 32,50*

HEFT 1708
Dipl.-Ing. Herbert Schmidt, Wäschereiforschung Krefeld
Untersuchungen über das Durchlaufwaschen
(Strömungswaschverfahren) in Trommelwaschmaschinen im Vergleich zum Ein- oder Mehrbad-
waschverfahren
*1966. 23 Seiten, 7 Abb. DM 16,—*

HEFT 1795
Dipl.-Ing. Herbert Schmidt,
Wäschereiforschung Krefeld e. V.
Möglichkeiten der Laugenklärung in Trommel-
waschmaschinen
*1966. 23 Seiten, 6 Abb. DM 14,50*

HEFT 1822
Oskar Oldenroth, Wäschereiforschung Krefeld e. V., Krefeld
Untersuchungen über die Hautfettaufnahme und
Auswaschbarkeit sowie Vergilbungserscheinungen
durch Resthautfettanteile an Unterwäsche aus Baum-
woll-, Polyamid-, Polyester- und Polyacrilnitril-
fasern *In Vorbereitung*

## Textilprüfverfahren, Textilprüfgeräte

HEFT 17
Obering. Herbert Stein, Mönchengladbach
Untersuchung der Verzugsvorgänge in den Streckwerken verschiedener Spinnereimaschinen.
1. Bericht: Vergleichende Prüfung mit verschiedenen Dickenmeßgeräten
*1952. 28 Seiten, 15 Abb. DM 8,—*

HEFT 18
Wäschereiforschung Krefeld
Grundlagen zur Erfassung der chemischen
Schädigung beim Waschen
*1953. 61 Seiten, 15 Abb., 15 Tabellen. Vergriffen*

HEFT 26
Technisch-Wissenschaftliches Büro für die
Bastfaserindustrie, Bielefeld
Vergleichende Untersuchungen zweier neuzeit-
licher Ungleichmäßigkeitsprüfer für Bänder und
Garne hinsichtlich ihrer Eignung für die Bastfaser-
spinnerei
*1953. 57 Seiten, 30 Abb. DM 12,50*

HEFT 85
Textilforschungsanstalt Krefeld
Physikalische Untersuchungen an Fasern, Fäden,
Garnen und Geweben:
Untersuchungen am Knickscheuergerät nach
Weltzien
*1954. 38 Seiten, 11 Abb., 8 Tabellen. DM 10,—*

HEFT 199
Textilforschungsanstalt Krefeld
Die Messung von Gewebetemperaturen mittels
Temperaturstrahlung
*1955. 36 Seiten, 12 Abb. DM 10,90*

HEFT 302
Prof. Dr.-Ing. Walther Wegener und
Dipl.-Ing. Willi Zahn, Aachen
Untersuchungen von gesponnenen Garnen auf ihre
Gleichmäßigkeit nach verschiedenen Meßmethoden
*1956. 49 Seiten, 34 Abb. DM 15,20*

HEFT 307
Priv.-Dozent Dr. rer. nat. habil. Johannes Juilfs,
Textilforschungsanstalt Krefeld
Vergleichende Untersuchungen zur elastischen und
bleibenden Dehnung von Fasern
*1956. 24 Seiten, 11 Abb. DM 8,30*

HEFT 308
Priv.-Dozent Dr. rer. nat. habil. Johannes Juilfs,
Textilforschungsanstalt Krefeld
Zur Messung der Fadenglätte
*1956. 22 Seiten, 10 Abb., 2 Tabellen. DM 8,—*

HEFT 358
Prof. Dr. rer. nat. Wilhelm Weltzien,
Dipl.-Chem. Paul Ringel und Text.-Ing. Hans Kirchhoff,
Textilforschungsanstalt Krefeld
Die Waschechtheit von Färbungen. Vergleichende
Untersuchungen auf dem Gebiete der Echtheits-
prüfung
*1957. 25 Seiten, 12 Farbtafeln. DM 58,—*

HEFT 381
Priv.-Dozent Dr. rer. nat. habil. Johannes Juilfs,
Textilforschungsanstalt Krefeld
Zur Dichtbestimmung von Fasern. Methoden und
Beispiele der praktischen Anwendung
*1957. 65 Seiten, 34 Abb., 18 Tabellen. DM 17,—*

HEFT 436
Priv.-Dozent Dr. rer. nat. habil. Johannes Juilfs,
Textilforschungsanstalt Krefeld
Zur Bestimmung der Bruchlast (Zugfestigkeit) von
Fasern, Fäden und Garnen
*1959. 26 Seiten, 7 Abb., 5 Tabellen. DM 8,60*

HEFT 499
*Priv.-Dozent Dr. rer. nat. habil. Johannes Juilfs,*
*Textilforschungsanstalt Krefeld*
Die Bestimmung des Wasserrückhaltevermögens (bzw. des Quellwertes) von Fasern
*1958. 29 Seiten, 8 Abb., 8 Tabellen. DM 10,35*

HEFT 500
*Priv.-Dozent Dr. rer. nat. habil. Johannes Juilfs,*
*Textilforschungsanstalt Krefeld*
Vergleichende Untersuchungen am Schopper-Scheuerprüfgerät
*1958. 60 Seiten, 34 Abb., zahlreiche Tabellen. DM 18,10*

HEFT 633
*Prof. Dr.-Ing. Walther Wegener und*
*Dipl.-Ing. Egon Haase-Deyerling,*
*Institut für Textiltechnik der Rhein.-Westf.*
*Technischen Hochschule Aachen*
Entwicklung und Bau eines vollautomatischen Faserlängenprüfgerätes (Stapelprüfgerät) auf kapazitiver Grundlage, Erprobungen dieses Gerätes und Vergleich mit den bislang üblichen Verfahren auf manueller Basis
*1958. 36 Seiten, 15 Abb., 5 Tabellen. DM 10,10*

HEFT 700
*Obering. Herbert Stein,*
*Institut für textile Meßtechnik, Mönchengladbach*
Zugprüfungen an Textilien mit einer weglosen, elektronischen Kraftmeßeinrichtung
*1958. 103 Seiten, 62 Abb., 3 Tabellen. DM 32,—*

HEFT 730
*Obering. Herbert Stein und Dipl.-Phys. Siegfried Hobe,*
*Institut für textile Meßtechnik Mönchengladbach*
Gerät zum Auffinden von Fadenverdickungen bei hohen Prüfgeschwindigkeiten
*1959. 56 Seiten, 28 Abb., 2 Tabellen. DM 14,80*

HEFT 732
*Dipl.-Ing. Waldemar Rohs und*
*Dipl.-Ing. Rudolf Otto, Technisch-Wissenschaftliches*
*Büro für die Bastfaserindustrie, Bielefeld*
Messung von Verzugskräften in Nadelfeldern von Bastfaserstrecken
*1959. 40 Seiten, 9 Abb., 7 Tabellen. DM 11,60*

HEFT 818
*Prof. Dr.-Ing. Walther Wegener,*
*Institut für Textiltechnik der Rhein.-Westf. Technischen*
*Hochschule Aachen*
Grundlegende Untersuchungen zur Frage der Spinnavivierung von Rohbaumwolle
*1959. 33 Seiten, 20 Abb. DM 10,70*

HEFT 846
*Obering. Herbert Stein und Ing. Martin Eidelsburger,*
*Institut für textile Meßtechnik, Mönchengladbach*
Untersuchungen an Baumwollkarden zwecks Ermittlung der Fehlerursachen für Dickeschwankungen *1960. 46 Seiten, 23 Abb. DM 14,30*

HEFT 847
*Obering. Herbert Stein und Ing. Martin Eidelsburger,*
*Institut für textile Meßtechnik, Mönchengladbach*
Untersuchungen über den Ablauf der Arbeitsvorgänge bei Schlagmaschinen in Baumwoll- und Zellwollaufbereitungsanlagen
*1960. 54 Seiten, 29 Abb. DM 16,70*

HEFT 896
*Prof. Dr.-Ing. Walther Wegener,*
*Institut für Textiltechnik der Rhein.-Westf. Technischen*
*Hochschule Aachen*
Einfluß der höheren Vorgarndrehung geflyerter Lunten auf die Ungleichmäßigkeit und die dynamometrischen Eigenschaften des fertigen Garnes
*1960. 27 Seiten, 12 Abb., 3 Tabellen. DM 9,20*

HEFT 1779
*Obering. Herbert Stein und Dipl.-Phys. Siegfried Hobe*
*Institut für textile Meßtechnik e.V., Mönchengladbach*
Untersuchungen über die Zusammenhänge zwischen der Dehnungsprüfung von Textilien am laufenden Faden und am fest eingespannten Prüfgut, sowie über die Möglichkeiten des Vergleichens von Ergebnissen, die nach beiden Methoden gefunden wurden

## Spinnerei und Zwirnerei
## (Verfahren und Maschinen)

HEFT 13
*Technisch-Wissenschaftliches Büro für die Bastfaserindustrie, Bielefeld*
Das Naßspinnen von Bastfasergarnen mit chemischen Zusätzen zum Spinnbad
*1952. 57 Seiten, 4 Abb., 19 Tabellen. DM 10,—*

HEFT 238
*Obering. Herbert Stein,*
*Institut für textile Meßtechnik, Mönchengladbach*
Untersuchung der Verzugsvorgänge an den Streckwerken verschiedener Spinnereimaschinen
3. Bericht: Theoretische Betrachtungen über den Einfluß schlagender Zylinder und Druckrollen
*1956. 56 Seiten, 21 Abb. DM 14,10*

HEFT 340
*Dipl.-Ing. Waldemar Rohs und Dipl.-Ing. Rudolf Otto,*
*Technisch-Wissenschaftliches Büro für die Bastfaserindustrie, Bielefeld*
Das Naßspinnen von Bastfasergarnen mit Spinnbadzusätzen unter Ausnutzung einer zentralen Spinnwasserversorgungsanlage
*1956. 42 Seiten, 2 Abb., 6 Tabellen. DM 11,60*

HEFT 378
*Obering. Herbert Stein,*
*Institut für textile Meßtechnik, Mönchengladbach*
Beobachtung und meßtechnische Erfassung der Vorgänge im Spinn- und Aufwindefeld von Ringspinn- und Ringzwirnmaschinen
*1957. 91 Seiten, 88 Abb., 3 Tabellen. DM 26,90*

HEFT 918
*Institut für textile Meßtechnik, Mönchengladbach*
Untersuchungen der Verzugsvorgänge an den Streckwerken verschiedener Spinnereimaschinen
4. Bericht: Ermittlung des Einflusses verschiedener Streckwerkseinstellungen und der verwendeten Konstruktionsteile auf die Verzugsvorgänge
*1960. 43 Seiten, 5 Abb., 3 Tabellen. DM 13,70*

HEFT 920
*Dipl.-Ing. Rudolf Otto und*
*Textil-Ing. Manfred Le Claire, Technisch-Wissenschaftliches Büro für die Bastfaserindustrie, Bielefeld*
Fadenspannungen beim Naßringspinnen von Bastfasern in ihrer Abhängigkeit von Fadenführung und Gestaltung von Ring und Läufer
*1960. 54 Seiten, 18 Abb., 14 Tabellen. DM 16,40*

HEFT 937
*Dipl.-Ing. Waldemar Rohs, Dipl.-Ing. Rudolf Otto und*
*Textil-Ing. Hugo Griese, Technisch-Wissenschaftliches Büro für die Bastfaserindustrie, Bielefeld*
Trockenspinnverfahren für Leinengarne und Einsatz trocken gesponnener Garne in der Leinenweberei
*1960. 56 Seiten, 14 Abb., 14 Tabellen. DM 19,90*

HEFT 1166
*Obering. Herbert Stein,*
*Institut für textile Meßtechnik, Mönchengladbach*
Vergleich des Band-Spinnens von Baumwolle und Chemiefasern (ohne Fleyerpassage) mit dem klassischen Baumwollspinnverfahren
*1963. 79 Seiten, 35 Abb. DM 36,80*

HEFT 1314
*Prof. Dr.-Ing. Walther Wegener und Dr.-Ing. Hans Peuker, Institut für Textiltechnik der Rhein.-Westf. Technischen Hochschule Aachen*
Einfluß verschiedener Endstrecken bei verkürzten Kammgarn-Spinnverfahren auf die Ungleichmäßigkeit und auf die dynamometrischen Eigenschaften von Mischgespinsten aus Wolle und kunstgeschaffenen Fasern
*1964. 77 Seiten, 31 Abb., 5 Tabellen. DM 45,—*

HEFT 1333
*Dipl.-Ing. Waldemar Rohs und Dipl.-Ing. Rudolf Otto, Technisch-Wissenschaftliches Büro für die Bastfaserindustrie, Bielefeld*
Untersuchungen über Fasermischungen in der Bastfaserwergspinnerei
*1963. 28 Seiten, 4 Abb., 5 Tabellen. DM 13,40*

HEFT 1335
*Prof. Dr.-Ing. Walther Wegener und Dipl.-Ing. Peter Ehrler, Institut für Textiltechnik der Rhein.-Westf. Technischen Hochschule Aachen*
Eine Analyse der Vorgarnschwankungen an Streichgarn-Krempelassortimenten
*1964. 127 Seiten, 31 Abb., 5 Tabellen. DM 73,50*

HEFT 1545
*Prof. Dr.-Ing. Dr.-Ing. E. h. Walther Wegener und Dipl.-Ing. Burkhard Wulfhorst, Institut für Textilforschung der Rhein-Westf. Technischen Hochschule Aachen*
Einfluß von Balloneinengungsringen auf die Spannungsverhältnisse während der Fertigung und auf die Qualität der Garne
*1965. 50 Seiten, 23 Abb., 4 Tabellen. DM 31,80*

HEFT 1707
*Prof. Dr.-Ing. habil. Dr.-Ing. E. h. Walther Wegener und Dipl.-Ing. Burkhard Wulfhorst, Institut für Textiltechnik der Rhein.-Westf. Technischen Hochschule Aachen*
Der Einfluß verschiedener Liefergeschwindigkeiten an der Ringspinnmaschine auf die Laufeigenschaften und das Ungleichmäßigkeitsverhalten von Garnen
*1966. 62 Seiten, 26 Abb., 6 Tabellen. DM 36,20*

HEFT 1723
*Obering. Herbert Stein und Dipl.-Phys. Siegfried Hobe, Institut für textile Meßtechnik Mönchengladbach e. V., Mönchengladbach*
Meßtechnische Untersuchungen über die Eignung eines neuen Schnellverfahrens zur Ermittlung der Reißkraft von fortlaufend bewegten Fäden bzw. Gespinsten und Zwirnen
*1966. 71 Seiten, 54 Abb., 1 Tabelle. DM 47,50*

## Nachbehandlung von Garnen und Zwirnen

HEFT 20
*Technisch-Wissenschaftliches Büro für die Bastfaserindustrie, Bielefeld*
Trocknung von Leinengarnen I:
Vorgang und Einwerkung auf die Garnqualität
*1953. 56 Seiten, 18 Abb., 5 Tabellen. DM 12,—*

HEFT 21
*Technisch-Wissenschaftliches Büro für die Bastfaserindustrie, Bielefeld*
Trocknung von Leinengarnen II:
Kreuzspultrocknung. Vorgang und Einwirkung auf die Garnqualität
*1953. 60 Seiten, 22 Abb., 10 Tabellen. DM 13,—*

HEFT 79
*Technisch-Wissenschaftliches Büro für die Bastfaserindustrie, Bielefeld*
Trocknung von Leinengarnen III:
Spinnspulen- und Spinnkopstrocknung.
Vorgang und Einwirkung auf die Garnqualität
*1954. 61 Seiten, 18 Abb., 10 Tabellen. DM 14,—*

HEFT 172
*Dipl.-Ing. Waldemar Rohs, Dr.-Ing. Günther Satlow und Textil-Ing. Gustav Heller, Technisch-Wissenschaftliches Büro für die Bastfaserindustrie, Bielefeld*
Trocknung von Hanfgarnen
Kreuzpultrocknung
*1955. 60 Seiten, 7 Abb., 4 Tabellen. DM 10,30*

HEFT 185
*Dipl.-Ing. Waldemar Robs und
Textil-Ing. Gustav Heller, Bielefeld*
Studien an einem neuzeitlichen Kreuzspultrockner für Bastfasergarne mit Wiederbefeuchtungszone
*1955. 39 Seiten, 9 Abb., 3 Tabellen. DM 10,70*

HEFT 442
*Dipl.-Ing. Waldemar Robs, Textil-Ing. Hugo Griese und
Textil-Ing. Walter Lauer, Technisch-Wissenschaftliches
Büro für die Bastfaserindustrie, Bielefeld*
Die Auswirkungen der Trocknungsart naßgesponnener Leinengarne auf deren Verarbeitungswirkungsgrad sowie auf die Festigkeits- und Dehnungseigenschaften der Garne und Gewebe
*1957. 18 Seiten, 2 Abb., 3 Tabellen. DM 6,50*

HEFT 1402
*Prof. Dr.-Ing. Walther Wegener und
Dr.-Ing. Hans Peuker, Institut für Textiltechnik der
Rhein.-Westf. Technischen Hochschule Aachen*
Vergleich der Ungleichmäßigkeit von Baumwoll- und Zellwollgarnen, die nach dem Dreizylinder- und nach dem Faserband-Spinnverfahren hergestellt wurden
*1965. 82 Seiten, 30 Abb., 3 Tabellen. DM 56,50*

HEFT 1546
*Prof. Dr.-Ing. Dr.-Ing. E. h. Walther Wegener und
Dr.-Ing. Hans Peuker, Institut für Textiltechnik der
Rhein.-Westf. Technischen Hochschule Aachen*
Vergleich des kontinentalen Kammgarnspinnverfahrens mit dem Bradfordsystem hinsichtlich des Ungleichmäßigkeitsverhaltens der Garne und Gewebe
*1966. 74 Seiten, 25 Abb., 7 Tabellen. DM 51,20*

## Beurteilung fertiger Garne und Zwirne nach Herstellungsverfahren und Eigenschaften

HEFT 196
*Dipl.-Ing. Waldemar Robs und
Textil-Ing. Hugo Griese, Bielefeld*
Auswirkungen von Garnfehlern bei der Verarbeitung von Leinengarnen
*1955. 24 Seiten, 3 Abb., 6 Tabellen. DM 7,80*

HEFT 339
*Prof. Dr.-Ing. Walther Wegener und
Dipl.-Ing. Willi Zahn, Institut für Textiltechnik der
Rhein.-Westf. Technischen Hochschule Aachen*
Vergleich der normalen mit verschiedenen abgekürzten Baumwollspinnverfahren in bezug auf Gleichmäßigkeit und Sortierungsstreuung der Garne
*1956. 43 Seiten, 17 Abb., 17 Tabellen. DM 12,70*

HEFT 632
*Prof. Dr.-Ing. Walther Wegener, Institut für Textiltechnik der Rhein.-Westf. Technischen Hochschule Aachen*
Aufstellung und Vergleich von Variance-within- und Variance-between-Kurven von Garnen, die nach verschiedenen Spinnverfahren hergestellt werden
*1958. 76 Seiten, 35 Abb. DM 19,10*

HEFT 699
*Dr.-Ing. Erich Wagner, Textilingenieurschule Wuppertal*
Studium der Drehungsverhältnisse an Perlon- und Nylongarnen zur Herstellung von Strumpfgewirken
*1959. 30 Seiten, 11 Abb. DM 9,20*

HEFT 1636
*Prof. Dr.-Ing. Dr.-Ing. E. h. Walther Wegener und
Dr.-Ing. Hans Peuker, Institut für Textiltechnik der
Rhein.-Westf. Technischen Hochschule Aachen*
Vergleichende Untersuchungen an Streichgarnen, die mit der Ringspinnmaschine und mit dem Selfaktor ausgesponnen wurden
*1966. 122 Seiten, 56 Abb., 11 Tabellen. DM 99,60*

HEFT 1651
*Prof. Dr.-Ing. Dr.-Ing. E. h. Walther Wegener und
Dipl.-Ing. Gerhard Egbers, Institut für Textiltechnik
der Rhein.-Westf. Technischen Hochschule Aachen*
Der Durchmesser, ein Merkmal der Garnungleichmäßigkeit, und seine Auswirkung auf das Gewebeaussehen.
*1966. 65 Seiten, 50 Abb., 2 Tabellen. DM 42,10*

## Webereivorbereitung (Verfahren und Maschinen)

HEFT 9
*Technisch-Wissenschaftliches Büro für die Bastfaserindustrie, Bielefeld*
Untersuchungen über die zweckmäßige Wicklungsart von Leinengarnkreuzspulen unter Berücksichtigung der Anwendung hoher Geschwindigkeiten des Garnes
Vorversuche für Zetteln und Schären von Leinengarnen auf Hochleistungsmaschinen
*1952. 40 Seiten, 8 Abb., 7 Tabellen. Vergriffen*

HEFT 19
*Technisch-Wissenschaftliches Büro für die Bastfaserindustrie, Bielefeld*
Die Auswirkung des Schlichtens von Leinengarnketten auf den Verarbeitungswirkungsgrad sowie die Festigkeit und Dehnungsverhältnisse der Garne und Gewebe
*1952. 38 Seiten, 1 Abb., 9 Tabellen. DM 9,—*

HEFT 63
*Textilforschungsanstalt Krefeld*
Neue Methoden zur Untersuchung der Wirkungsweise von Textilhilfsmitteln
Untersuchungen über Schlichtungs- und Entschlichtungsvorgänge
*1954. 24 Seiten, 1 Abb., 5 Tabellen. Vergriffen*

HEFT 338
*Prof. Dr.-Ing. Walther Wegener, Aachen, und
Dipl.-Ing. Josef Schneider, Mönchengladbach*
Die Bedeutung der Knotenart für die Herabminderung der Fadenbrüche
*1956. 40 Seiten, 6 Abb., 17 Tabellen. Vergriffen*

HEFT 434
*Dipl.-Ing. Waldemar Rohs und
Dr. rer. nat. Ingeborg Geurten, Technisch-Wissenschaftliches Büro für die Bastfaserindustrie, Bielefeld*
Schlichten für Baumwollgarne
*1957. 96 Seiten, 3 Abb., zahlr. Tabellen. DM 23,70*

HEFT 654
*Obering. Herbert Stein,
Textil-Ing. Herbert v. d. Weyden,
Dipl.-Ing. Waldemar Rohs und
Textil-Ing. Hugo Griese, Technisch-Wissenschaftliches Büro für die Bastfaserindustrie, Bielefeld*
Untersuchungen an Spulvorrichtungen in der Leinen- und Halbleinenweberei
1. Teilbericht zum Thema: Meßtechnische Untersuchungen über die Wirkung und Arbeitsweise verschiedenartiger Fadenbremsen für Spulmaschinen, Zettelanlagen u. dgl., abhängig von den Eigenschaften des verarbeiteten Fadenmaterials
*1958. 83 Seiten, 29 Abb., 33 Tabellen. DM 23,80*

HEFT 885
*Dr. rer. nat. Ingeborg Lambrinou, Technisch-Wissenschaftliches Büro für die Bastfaserindustrie, Bielefeld*
Einfluß von Fettzusätzen auf das rheologische Verhalten von Schlichteflotten
*1960. 57 Seiten, 18 Abb., 3 Tabellen. DM 16,50*

HEFT 917
*Obering. Herbert Stein und
Ing. Gerhard Hoischen, Institut für textile Meßtechnik, Mönchengladbach*
Ermittlung der Vorgänge beim Benetzen und Trocknen von Fäden unter besonderer Berücksichtigung der Arbeitsweise von Schlichtmaschinen
*1960. 78 Seiten, 75 Abb. DM 24,10*

HEFT 1320
*Dipl.-Ing. Waldemar Rohs und Text.-Ing. Hugo Griese, Technisch-Wissenschaftliches Büro für die Bastfaserindustrie Bielefeld*
Einfluß der Webstuhleinstellung auf den Ausfall, insbesondere die Krumpfung von Halbleinen- und Baumwollgeweben
*1963. 27 Seiten, 6 Tabellen. DM 11,70*

HEFT 1401
*Dipl.-Ing. Adolf Funder und Text.-Ing. Hugo Griese, Forschungsinstitut für Bastfasern e.V., Bielefeld*
Zusammenhänge zwischen Garnungleichmäßigkeit und Gewebeausfall bei Leinen
*1964. 53 Seiten, 14 Abb., 17 Tabellen. DM 28,—*

## Weberei (Verfahren und Maschinen)

HEFT 3
*Technisch-Wissenschaftliches Büro für die Bastfaserindustrie, Bielefeld*
Untersuchungsarbeiten zur Verbesserung des Leinenwebstuhles
*1952. 36 Seiten, 7 Abb., 3 Tabellen. DM 12,50*

HEFT 22
*Technisch-Wissenschaftliches Büro für die Bastfaserindustrie, Bielefeld*
Die Reparaturanfälligkeit von Webstühlen
*1953. 21 Seiten, 7 Abb., 5 Tabellen. DM 5,80*

HEFT 41
*Technisch-Wissenschaftliches Büro für die Bastfaserindustrie, Bielefeld*
Untersuchungsarbeiten zur Verbesserung des Leinenwebstuhles II: Das Verhalten verschiedener Kettfadenwächtersysteme
*1953. 33 Seiten, 4 Abb., 5 Tabellen. DM 7,80*

HEFT 80
*Technisch-Wissenschaftliches Büro für die Bastfaserindustrie, Bielefeld*
Die Verarbeitung von Leinengarnen auf Webstühlen mit und ohne Oberbau
*1954. 18 Seiten, 2 Abb., 2 Tabellen. DM 6,—*

HEFT 92
*Technisch-Wissenschaftliches Büro für die Bastfaserindustrie, Bielefeld*
Messungen von Vorgängen am Webstuhl
*1954. 64 Seiten, 45 Abb. DM 15,50*

HEFT 163
*Dipl.-Ing. Waldemar Rohs und
Textil-Ing. Hugo Griese, Technisch-Wissenschaftliches Büro für die Bastfaserindustrie, Bielefeld*
Untersuchungsarbeiten zur Verbesserung des Leinenwebstuhles III
*1955. 67 Seiten, 15 Abb., 18 Tabellen. DM 15,80*

HEFT 226
*Technisch-Wissenschaftliches Büro für die Bastfaserindustrie, Bielefeld*
Untersuchungen zur Verbesserung des Leinenwebstuhles IV: Die Wirkung verschiedener Kettbaumbremsen auf die Verwebung von Leinengarnen
*1956. 50 Seiten, 9 Abb., 4 Tabellen. DM 13,50*

HEFT 292
*Dipl.-Ing. Waldemar Rohs und
Textil-Ing. Hugo Griese, Technisch-Wissenschaftliches Büro für die Bastfaserindustrie, Bielefeld*
Webversuche an Leinenwebstühlen mit verbesserter Schaftbewegung
*1956. 22 Seiten, 3 Abb., 2 Tabellen. DM 7,60*

HEFT 379
*Institut für textile Meßtechnik, Mönchengladbach*
Schußfadenspannung beim Weben
*1957. 64 Seiten, 5 Abb., 47 Diagramme,
3 Tabellen. DM 18,60*

HEFT 494
*Dipl.-Ing. Waldemar Rohs und
Textil-Ing. Hugo Griese, Technisch-Wissenschaftliches Büro für die Bastfaserindustrie, Bielefeld*
Entwicklung und Erprobung eines verbesserten elektrischen Kettfadenwächtergeschirrs für die Leinen- und Halbleinenweberei
*1957. 43 Seiten, 9 Abb., 11 Tabellen. DM 13,—*

**HEFT 621**
*Dipl.-Ing. Waldemar Robs und*
*Textil-Ing. Hugo Griese, Technisch-Wissenschaftliches*
*Büro für die Bastfaserindustrie, Bielefeld*
Untersuchungen zur Verbesserung des Leinenwebstuhles V
*1958. 42 Seiten, 6 Abb., 8 Tabellen. DM 11,30*

**HEFT 869**
*Dipl.-Ing. Waldemar Robs und*
*Textil-Ing. Hugo Griese, Technisch-Wissenschaftliches*
*Büro für die Bastfaserindustrie, Bielefeld*
Zusammenwirken von Kett- und Schußfadenspannungen und ihr Einfluß auf den Gewebeausfall
*1960. 32 Seiten, 4 Abb., 7 Tabellen. DM 9,90*

**HEFT 1167**
*Textil-Ing. Hugo Griese, Technisch-Wissenschaftliches*
*Büro für die Bastfaserindustrie, Bielefeld*
Verbesserung der Wirtschaftlichkeit und des Warenausfalls durch zusätzliche Befeuchtung der verarbeiteten Garne in der Leinen- und Halbleinenweberei
*1962. 33 Seiten, 12 Abb., 6 Tabellen. DM 17,20*

**HEFT 1477**
*Text.-Ing. Hugo Griese, Forschungsinstitut für Bastfasern e. V., Bielefeld*
Untersuchung über die Möglichkeit einer Leistungssteigerung in der Leinen- und Halbleinenweberei durch Einsatz neu entwickelter Jacquardmaschinen
*1964. 45 Seiten, 19 Abb., 3 Tabellen. DM 29,80*

**HEFT 1634**
*Text.-Ing. Hugo Griese, Forschungsinstitut für Bastfasern e.V., Bielefeld*
Verbesserungsmöglichkeiten der Leinenschußverarbeitung bei hohen Webgeschwindigkeiten
*1965. 31 Seiten, 12 Abb. DM 18,—*

## Beurteilung von Geweben und anderen textilen Flächengebilden nach Herstellungsverfahren und Eigenschaften

**HEFT 29**
*Technisch-Wissenschaftliches Büro für die*
*Bastfaserindustrie, Bielefeld*
Die Ausnützung der Leinengarne in Geweben
*1953. 94 Seiten, 14 Abb., 10 Tabellen. DM 17,80*

**HEFT 674**
*Dipl.-Ing. Waldemar Robs, Technisch-Wissenschaftliches*
*Büro für die Bastfaserindustrie, Bielefeld*
Die Ausnutzung der Garnfestigkeit in Halbleinengeweben
*1958. 45 Seiten, 6 Abb. DM 14,30*

**HEFT 817**
*Dr. rer. nat. Hansjürgen Kessler,*
*Deutsches Wollforschungsinstitut an der Rhein.-Westf.*
*Technischen Hochschule Aachen*
Die Zwei- und Dreifaseranalyse auf Grund der Bestimmung von Cystin und Stickstoff
*1959. 28 Seiten. DM 8,70*

**HEFT 1536**
*Prof. Dr.-Ing. Walther Wegener und Dipl.-Ing.*
*Bernhard Schuler, Institut für Textiltechnik der Rhein.-Westf. Technischen Hochschule Aachen*
Grundlagen für die Reibungsmessung an Garnen und Zwirnen
*1965. 56 Seiten, 41 Abb., 6 Tabellen. DM 35,—*

**HEFT 1748**
*Prof. Dr.-Ing. Dr.-Ing. E. h. Walther Wegener, Institut für Textiltechnik der Rhein.-Westf. Technischen Hochschule Aachen*
Untersuchungen der Spannungsverhältnisse sowie der Eigenschaften von Kräuselgarnen bei verschiedenen Einstellungen der Falschdrahtzwirnmaschinen
*1966. 77 Seiten, 41 Abb., 10 Tabellen DM 50,—*

## Betriebswirtschaftliche Untersuchungen auf dem Textilgebiet

**HEFT 186**
*Dr. rer. pol. Erich Wedekind, Krefeld*
Untersuchung zur Arbeitsgestaltung bei der Fertigstellung von Oberhemden in gewerblichen Wäschereien
*1955. 99 Seiten, 28 Abb., 7 Tabellen. DM 12,—*

**HEFT 197**
*Dr. rer. pol. Erich Wedekind, Krefeld*
Untersuchungen zur Bestimmung der optimalen Arbeitsplatzgröße bei Mehrstuhlarbeit in der Weberei
*1955. 79 Seiten, 34 Abb. DM 18,50*

**HEFT 631**
*Dr. rer. pol. Erich Wedekind, Krefeld*
Der Einfluß der Automatisierung auf die Struktur der Maschinen- und Arbeiterzeiten am mehrstelligen Arbeitsplatz in der Textilindustrie
*1958. 71 Seiten, 32 Abb., 8 Tabellen. Vergriffen*

**HEFT 715**
*Dr. rer. pol. Erich Wedekind, Krefeld*
Die Auftragsplanung und Arbeitsorganisation in gewerblichen Wäschereien
*1959. 116 Seiten, 25 Abb. DM 29,50*

**HEFT 827**
*Dr.-Ing. Egon Sattler,*
*Verband Deutscher Streichgarnspinner, Düsseldorf*
Disposition mit Arbeitsvorbereitung und Vertriebsvorbereitung in der einstufigen (Verkaufs-) Streichgarnspinnerei
*1960. 60 Seiten, 5 Anlagen. DM 15,90*

HEFT 828
*Verband der Deutschen Tuch- und
Kleiderstoffindustrie e.V., Köln, in Zusammenarbeit mit
dem Ausschuß für wirtschaftliche Fertigung e.V.,
Düsseldorf*
Disposition mit Arbeits- und Vertriebsvorbereitung
in der Tuch- und Kleiderstoffindustrie
*1960. 67 Seiten, 8 Anlagen. DM 17,90*

HEFT 874
*Dr. rer. pol. Erich Wedekind und
Textil-Ing. Hartmut Kokerbeck, Krefeld*
Untersuchungen über rationelle Arbeitsweisen bei
Preß- und Bügelvorgängen in Chemisch-Reinigungsbetrieben *1960. 102 Seiten, 17 Abb.,
zahlr. Tabellen. DM 26,50*

HEFT 1237
*Verband Deutscher Streichgarnspinner e.V., Düsseldorf*
Betriebsvergleich in den Streichgarnspinnereien,
Teil I. bearbeitet vom Forschungsinstitut für Rationalisierung an der Rhein.-Westf. Techn. Hochschule Aachen, Direktor: Prof. Dr.-Ing. J. Mathieu
*1963. 52 Seiten, 15 Abb. DM 21,90*

## Volkswirtschaftliche
## Untersuchungen auf dem Textilgebiet

HEFT 222
*Dr. rer. pol. Lutz Köllner und
Dipl.-Volksw. Manfred Kaiser,
Forschungsstelle für allgemeine und textile
Marktwirtschaft an der Universität Münster
Direktor: Prof. Dr. rer. pol. H. Jecht*
Die internationale Wettbewerbsfähigkeit der westdeutschen Wollindustrie
*1956. 200 Seiten, 5 Abb. DM 39,50*

HEFT 323
*Prof. Dr. Rudolf Seyffert, Köln*
Wege und Kosten der Distribution der Textil-,
Schuh- und Lederwaren
*1956. 86 Seiten, 38 Tabellen. DM 12,—*

HEFT 607
*Dr. rer. pol. Hyronimus Schlachter,
Forschungsstelle für allgemeine und textile
Marktwirtschaft an der Universität Münster
Direktor: Prof. Dr. rer. pol. H. Jecht*
Die Wettbewerbslage der westdeutschen
Juteindustrie
*1958, 137 Seiten, 35 Tabellen. DM 32,—*

HEFT 819
*Dipl.-Volksw. Dr. rer. pol. Heinz Hubert Kaup,
Forschungsstelle für allgemeine und textile
Marktwirtschaft an der Universität Münster*
Einkommen und Textilverbrauch
*1960. 92 Seiten, 34 Tabellen. DM 23,20*

HEFT 911
*Dr. Hannedore Kahmann und
Dipl.-Volksw. Renate Papke,
Forschungsstelle für allgemeine und textile
Marktwirtschaft an der Universität Münster*
Langfristige Strukturwandlungen und Anpassungsprozesse der britischen Baumwollindustrie unter
dem Einfluß der Industrialisierung in Indien und
anderen asiatischen Ländern
*1960. 120 Seiten, 38 Tabellen. DM 31,20*

HEFT 1036
*Dipl.-Kfm. Dr. Eduard Terrahe,
Forschungsstelle für allgemeine und textile
Marktwirtschaft an der Universität Münster*
Möglichkeiten und Grenzen einer Rationalisierung
und Automatisierung in der westdeutschen Baumwollrohweberei. Ein Beitrag zur Beurteilung ihrer
Wettbewerbsfähigkeit gegenüber USA, Japan und
Indien
*1961. 231 Seiten, 5 Abb., zahlr. Tabellen. DM 49,—*

HEFT 1069
*Dipl.-Volksw. Dr. Wolfgang Rothe,
Forschungsstelle für allgemeine und textile
Marktwirtschaft an der Universität Münster*
Internationaler Preis- und Kaufkraftvergleich für
Bekleidung in Ländern des gemeinsamen Marktes
und der Freihandelszone
*1962. 226 Seiten, zahlr. Tabellen und Anlagen.
DM 43,—*

HEFT 1115
*Dipl.-Volksw. Dr. Wilhelm Kurth,
Forschungsstelle für allgemeine und textile
Marktwirtschaft an der Universität Münster*
Vermögensbestand und Kapitalbedarf in einigen
Zweigen der Textilindustrie
*1962. 146 Seiten, 9 Abb., 33 Tabellen. DM 52,—*

HEFT 1234
*Dipl.-Volkswirt Dr. Klaus Hoffarth,
Forschungsstelle für allgemeine und textile
Marktwirtschaft an der Universität Münster*
Lagerhaltung und Konjunkturverlauf in der
Textilwirtschaft
*1963. 127 Seiten, 35 Abb., 18 Tabellen. DM 52,—*

HEFT 1372
*Dipl.-Volksw. Dr. Klaus Herzog, Forschungsstelle
für allgemeine und textile Marktwirtschaft an der
Universität Münster*
Das Verhältnis von ein- und mehrstufigen Unternehmungen in einzelnen Branchen der Textilindustrie
*1964. 167 Seiten, 5 Schaubilder, 4 Übersichten,
34 Tabellen. DM 66,—*

HEFT 1404
*Dipl.-Volksw. Dr. Ruth Schillinger, Forschungsstelle
für allgemeine und textile Marktwirtschaft an der
Universität Münster
Leiter: Prof. Dr. W. G. Hoffmann*
Die wirtschaftliche Entwicklung des Stoffdrucks
– Langfristige Tendenzen und kurzfristige Einflüsse –
*1964. 123 Seiten, 25 Abb., 11 Tabellen. DM 56,—*

HEFT 1524
*Dipl.-Volksw. Dr. Klaus Hoffarth, Forschungsstelle für allgemeine und textile Marktwirtschaft an der Universität Münster*
Strukturelle Veränderungen in der US-Textilindustrie als Bestimmungsgründe für die jüngsten amerikanischen Empfehlungen (Kennedy-Plan)
*1965. 82 Seiten, 6 Abb., 32 Tabellen. DM 39,80*

HEFT 1533
*Dr. rer. pol. Erich Wedekind, Krefeld*
Die Plankostenrechnung in der Textilindustrie unter Berücksichtigung des mehrstelligen Arbeitsplatzes
*1966. 190 Seiten, 41 Abb., 4 Anlagen, 3 Tabellen. DM 86,50*

HEFT 1559
*Dr. Thomas Mandt, Forschungsstelle für allgemeine und textile Marktwirtschaft an der Universität Münster*
Stellung und Struktur der Textilveredlungsindustrie in den Niederlanden
*1965. 73 Seiten, 4 Abb., 29 Tabellen. DM 34,—*

HEFT 1560
*Dipl.-Volksw. Dr. Wilhelm Kurth, Forschungsstelle für allgemeine und textile Marktwirtschaft an der Universität Münster*
Wandlungen des Rohstoffverbrauchs in der Oberbekleidungsindustrie
*1965. 81 Seiten, 29 Schaubilder, 22 Tabellen. DM 42,—*

Verzeichnisse der Forschungsberichte aus folgenden Gebieten können beim Verlag angefordert werden:
Acetylen/Schweißtechnik – Arbeitswissenschaft – Bau/Steine/Erden – Bergbau – Biologie – Chemie – Druck/Farbe/Papier/Photographie – Eisenverarbeitende Industrie – Elektrotechnik/Optik – Energiewirtschaft – Fahrzeugbau/Gasmotoren – Fertigung – Funktechnik/Astronomie – Gaswirtschaft – Holzbearbeitung – Hüttenwesen/Werkstoffkunde – Kunststoffe – Luftfahrt/Flugwissenschaften – Luftreinhaltung – Maschinenbau – Mathematik – Medizin/Pharmakologie – NE-Metalle – Physik – Rationalisierung – Schall/Ultraschall – Schiffahrt – Textilforschung – Turbinen – Verkehr – Wirtschaftswissenschaften.

WESTDEUTSCHER VERLAG · KÖLN UND OPLADEN
567 Opladen/Rhld., Ophovener Straße 1–3

MIX
Papier aus verantwortungsvollen Quellen
Paper from responsible sources
FSC® C105338

If you have any concerns about our products,
you can contact us on
**ProductSafety@springernature.com**

In case Publisher is established outside the EU,
the EU authorized representative is:
**Springer Nature Customer Service Center GmbH
Europaplatz 3, 69115 Heidelberg, Germany**

Printed by Libri Plureos GmbH
in Hamburg, Germany